Flash动画设计实战秘技250招

赵雪梅 编 著

清华大学出版社

北京

内 容 简 介

本书优点在于摒弃了繁杂的讲解模式，通过250个实战招式，介绍了Flash CC在动画编辑应用中的实战技巧，大量的实战招式全面涵盖了Flash动画中所遇到的问题及其解决方案。

全书分15章，结合大量的实战招式，全面地阐述了进入Flash CC奇幻世界、文档基础操作、体验趣味形状游戏、形状的色彩管理、探索高级形状的秘密、文字的创建与编辑、图层、时间轴和场景、使用元件、库和实例、步入动画的世界、使用模板创建动画、图像、声音和视频、初识ActionScript编程环境、探索ActionScript的奥秘、Flash中的组件、优化和发布动画等内容。

本书内容全面、图文并茂、通俗易懂、非常实用，无论是初学者，还是中、高级读者，都可以选用本书作为技术技巧的练习手册和查询手册。

本书封面贴有清华大学出版社防伪标签，无标签者不得销售。
版权所有，侵权必究。侵权举报电话：010-62782989 13701121933

图书在版编目(CIP)数据

Flash动画设计实战秘技250招 / 赵雪梅编著. —北京：清华大学出版社，2018
(1分钟秘笈)
ISBN 978-7-302-50006-3

Ⅰ．①F…　　Ⅱ．①赵…　　Ⅲ．①动画制作软件　　Ⅳ．①TP391.414

中国版本图书馆CIP数据核字(2018)第076405号

责任编辑：韩宜波
装帧设计：杨玉兰
责任校对：王明明
责任印制：丛怀宇

出版发行：清华大学出版社
　　　　　网　　　址：http://www.tup.com.cn，http://www.wqbook.com
　　　　　地　　　址：北京清华大学学研大厦A座　　　邮　　　编：100084
　　　　　社 总 机：010-62770175　　　　　　　　　邮　　　购：010-62786544
　　　　　投稿与读者服务：010-62776969，c-service@tup.tsinghua.edu.cn
　　　　　质量反馈：010-62772015，zhiliang@tup.tsinghua.edu.cn
印 装 者：北京嘉实印刷有限公司
经　　销：全国新华书店
开　　本：185mm×260mm　　印　　张：22.5　　字　　数：540千字
版　　次：2018年7月第1版　　　　　　　　印　　次：2018年7月第1次印刷
印　　数：1~3000
定　　价：58.00元

产品编号：074512-01

Flash 是一款集动画和应用程序开发于一身的二维动画软件，它以流式控制技术和矢量技术为核心，制作的动画具有效果好、文件小、易传播的特点。在现阶段 Flash 的应用领域主要包括娱乐短片、片头、广告、MTV、导航条、小游戏、产品展示、多媒体课件、网络应用程序的开发等几个方面，尤其是在互联网领域，很多网站都采用了 Flash 动画技术，从而使网站的交互设计更加精彩。目前，Flash 已经成为全球最流行的动画软件之一，在二维动画领域居于主导地位。本书以通俗易懂的语言，生动有趣的创意实例带领读者进入精彩的二维动画世界。

本书特点包含以下 4 点。

- ⊕ 快速索引、简单便捷：本书考虑到读者实际遇到的问题是查找习惯，从目录中即可快速找到分类和问题，从而快速索引出自己需要的招式技巧。

- ⊕ 传授秘技，招招实用：本书讲述了 250 个读者使用 Flash 所遇到的常见难题，对 Flash 的每一个操作都进行详细讲解，从而向读者传授实用的操作秘技。

- ⊕ 知识拓展，学以致用：本书中的每个技巧下都包含有知识拓展内容，是对每个技巧的知识点进行的延伸，让读者能够学以致用，在日常工作学习中有所帮助。

- ⊕ 图文并茂，视频教学：本书采用一步一图形的方式，形象讲解技巧。另外，本书光盘中还包含了所有技巧的教学视频，使读者的 Flash 学习更加直观、生动。

本书共分为 15 章，具体内容介绍如下。

- ⊕ 第 1 章　步入 Flash CC 奇幻世界：学习 Flash 的相关知识，并带领读者认识全新的 Flash CC。

- ⊕ 第 2 章　文档基础操作：讲述文档的基础操作，例如如何创建、打开、关闭、保存文档，设置文档的属性，设置标尺、网格、辅助线等。

- ⊕ 第 3 章　体验趣味形状游戏：讲述 Flash CC 工具箱中各种绘图和编辑工具的使用和方法，通过讲述这些常用的工具类型来熟悉如何创建有趣的形状图像，需要清楚各种工具的用途以及使用工具中的一些技巧，并能够将多种功能配合使用，从而绘制出丰富多彩的形状图像。

- ⊕ 第 4 章　形状的色彩管理：讲述填充和调整填充等方法。

- ⊕ 第 5 章　探索高级形状的秘密：介绍如何使用各种工具对形状进行编辑和修饰，使形状变得更加生动。

- ⊕ 第 6 章　文字的创建与编辑：介绍文字的创建、修改等实战技巧。

- ⊕ 第 7 章　图层、时间轴和场景：讲述了 Flash 中图层、时间轴和场景之间的相互关系和实战技巧。

- ⊕ 第 8 章　使用元件、库和实例：讲解如何使用元件、库制作实例，并介绍元件的创建方式和编辑方式，以及元件在动画中的实战技巧。

- ⊕ 第 9 章　步入动画的世界：介绍 Flash 中动画的制作原理和制作方法。

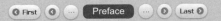

- 第 10 章　使用模板创建动画：介绍如何使用和编辑 Flash 中自带的模板，并讲述使用过程中的实战技巧。
- 第 11 章　图像、声音和视频：介绍如何为 Flash 导入图像、声音和视频，并讲述了如何对导入的素材进行压缩和转换等实战技巧。
- 第 12 章　初识 ActionScript 编程环境：介绍了 ActionScript 3.0 中的动作面板和常用代码的编写。
- 第 13 章　探索 ActionScript 的奥秘：讲述了高级 ActionScript 3.0 类的创建和调用以及使用的方法。
- 第 14 章　Flash 中的组件：讲述了 Flash 中常用的组件以及如何使用这些组件制作一些简单的实战技巧。
- 第 15 章　优化和发布动画：介绍如何对 Flash 作品进行优化、导出和发布等实战技巧。

本书作者

　　本书由赵雪梅编著，其他参与编写的人员还有崔会静、霍伟伟、王冰峰、王金兰、尹庆栋、张才祥、张中耀、赵岩、王兰芳等。

　　由于作者水平有限，书中疏漏之处在所难免。在感谢您选择本书的同时，也希望您能够把对本书的意见和建议告诉我们。

　　读者服务邮箱为 360626070@qq.com。另外，本书配备资源可以通过扫描右侧的二维码进行下载。

编　者

第 4 章　形状的色彩管理..............................56

第 5 章　探索高级形状的秘密.........................69

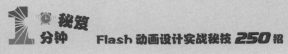

第 9 章　步入动画的世界 175

第 10 章　使用模板创建动画 211

第 14 章　Flash 中的组件 311

第 15 章　优化和发布动画 340

步入 Flash CC 奇幻世界

第 1 章

在网络技术迅速发展的今天，静止的图像已经无法满足人们的视觉需求以及商家对产品信息的表现，动画逐渐成为网页中不可缺少的一种重要的宣传手段和表现方法。其中，Flash 以其人性化的风格和强大的交互功能，吸引了越来越多的观众，并且其应用领域也越来越广泛。

Flash CC 以完美、舒适的动画编辑环境，深受广大动画制作者的喜爱，通过对本章的学习，用户可以了解 Flash 的相关知识，并使读者认识全新的 Flash CC。

招式 001 快速启动 Flash CC

 Q 安装 Flash CC 后，我想通过 Flash CC 来制作动画，对软件进行学习和了解，却不知如何启动 Flash CC，您能教我如何快速启动 Flash CC 吗？

A 可以的，Flash CC 的启动方法有许多种，下面就介绍 4 种启动 Flash CC 的方法。

1. 双击图标法

安装 Flash CC 后，系统会自动在桌面上创建一个 Flash CC 图标，双击 Adobe Flash CC 图标即可启动 Flash CC。

2. 利用"开始"菜单法

❶ 在窗口的左下角单击"开始"按钮，❷ 在弹出的菜单中选择"所有程序"命令，❸ 在"所有程序"菜单中选择 Adobe 选项下的 Adobe Flash CC 命令即可启动 Flash CC。

3. 双击文件法

双击 Flash 文件即可启动 Flash CC。

4. 单击任务栏图标

若已经将 Flash CC 图标锁定到任务栏中，则单击任务栏中的 Flash CC 图标即可启动 Flash CC。

知识拓展

在上面提到了任务栏，那么如何将软件图标锁定到任务栏呢？其实非常简单，❶ 用户只需在桌面上拖曳 Flash CC 图标到任务栏中，❷ 可以看到"附到任务栏"提示，❸ 释放鼠标左键即可将软件图标锁定到任务栏中。

专家提示

将图标锁定到任务栏中之后，如何将锁定的任务栏取消显示呢？ ❶ 在需要解锁的任务栏软件图标上右击， ❷ 在弹出的快捷菜单中选择"将此程序从任务栏解锁"命令。

招式 002 启动时自动打开 Flash CC

Q 我是一个每天都需要使用动画软件的工作者，每次开机时都需要重新启动 Flash CC，很浪费时间，您能教教我如何在启动时自动打开动画软件吗？

A 可以的，您只要在电脑的"开始"菜单中，将 Flash CC 程序设置为开机自动启动，这样就可以在每次开机时自动打开 Flash CC 软件了，方便而快捷。

1. 选择软件

❶ 单击"开始"按钮，选择"所有程序"命令，在打开的菜单中选择 Adobe 选项，找到 Adobe Flash CC 命令，❷ 拖曳 Adobe Flash CC 命令到"启动"选项下。

2. 添加到"启动"中

释放鼠标左键即可将 Adobe Flash CC 命令添加到启动项中，即可设置开机自动启动。

 知识拓展

如果用户不想进行开机自动启动 Adobe Flash CC 软件，则可以将其从"启动"程序列表中删除，❶ 在"启动"程序列表中，选择 Adobe Flash CC 选项，单击鼠标右键，❷ 在弹出的快捷菜单中选择"删除"命令即可。

专家提示

❶ 在启动栏中右击"启动"命令，❷ 在弹出的快捷菜单中选择"打开"命令，❸ 打开相对应的"启动"文件夹窗口，可以在左侧的列表框中看到所有"开始"菜单中的程序，在该文件夹窗口中可以对文件内容进行剪切、复制、粘贴、删除等操作，以及将 Flash CC 移动位置。

招式 003 快速退出 Flash CC

Q 在不使用 Flash CC 软件之后，想要关闭软件，但是不知道怎么操作，您能教教我如何快速退出 Flash CC 吗？

A 可以的，其实快速退出 Flash CC 的方法也有很多种，下面介绍常用的两种快速退出 Flash CC 的方法。

1. 单击按钮法

要退出 Flash CC 软件，只需在窗口的右上角单击"关闭"按钮即可退出 Flash CC 软件。

2. 使用菜单命令法

选择菜单栏中的"文件"|"退出"命令，或按命令右侧的 **Ctrl+Q** 快捷键，都可退出 Flash CC 软件。

专家提示

在打开的菜单中可以看到有些命令右侧会有一个组合键，通过记住这些常用的组合键可以提高制作素材的效率。

知识拓展

除了刚介绍的两种退出 Flash CC 软件的方法外，还可以双击 Flash 软件界面左上角的 Flash 图标，❶ 在该 Flash 软件图标上单击，❷ 在弹出的菜单中选择"关闭"命令，同样可以退出 Flash CC 并关闭 Flash CC 软件界面。

招式 004 不显示 Flash CC 的欢迎界面

Q 安装上 Flash CC 软件后，每次启动该软件，都会出现一个欢迎界面，能否将其关闭呢？

A 可以。只需勾选"不再显示"复选框即可，具体操作如下。

1. 勾选"不再显示"复选框

启动 Flash CC 软件，在欢迎界面的左下角勾选"不再显示"复选框。

2. 取消欢迎界面

再次启动 Flash CC 时就不会再显示欢迎界面。

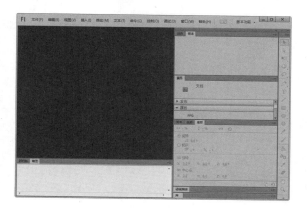

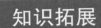

知识拓展

取消显示欢迎界面后，要想重新启用欢迎界面需要❶选择"编辑"|"首选参数"菜单命令，❷在弹出的"首选参数"对话框中单击"重置所有警告对话框"按钮，即可恢复默认启动的欢迎界面。

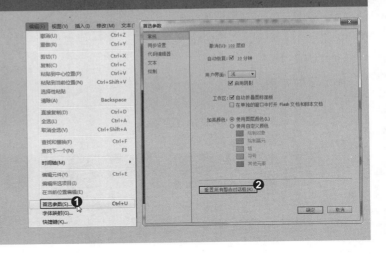

招式 005 设置用户界面颜色

Q 我认为 Flash 的界面太黑了，能不能改变一下 Flash 界面的颜色呢？

A 可以。需要在"首选参数"对话框设置用户界面的颜色。下面介绍如何设置 Flash CC 用户界面的颜色。

1. 打开首选参数

❶选择菜单栏中的"编辑"|"首选参数"命令，❷在弹出的"首选参数"对话框中选择"常规"选项，并在"用户界面"下拉列表中选择"浅"选项。

2. 选择颜色

选择用户界面颜色之后，单击"确定"按钮，即可设置出浅色的界面。

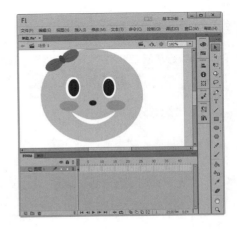

知识拓展

❶ 除了可以利用"用户界面"下拉列表框设置用户界面颜色之外，还可以通过勾选"启用阴影"复选框，来设置界面的阴影效果，❷ 这也是改变界面的一种方式。

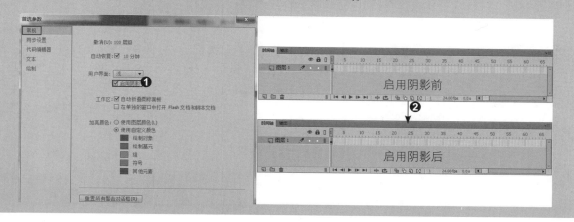

招式 006 编辑键盘快捷键修改有冲突的快捷键

Q 我在 Flash 中使用键盘快捷键的时候，发现与其他软件的快捷键有冲突，我该怎么办呢，您能教教我如何重新设置键盘快捷键吗？

A 可以。下面我将为您介绍怎样重新设置快捷键，避免与其他软件冲突。

1. 选择相应的命令

❶ 选择菜单栏中的"编辑"菜单项，❷ 在弹出的下拉菜单中选择"快捷键"命令。

2. 移动素材图像

❶ 打开"键盘快捷键"对话框，在搜索框中输入有所冲突的快捷键，❷ 这个时候可以看见对应的快捷操作和描述。

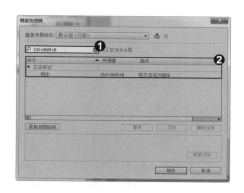

3. 删除并设置快捷键

❶ 单击快捷键后面的"x"，删除快捷键，
❷ 输入相应的快捷键即可重新设置为新的快捷键。

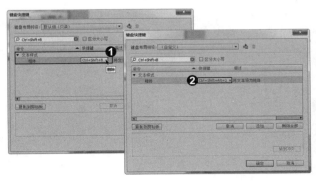

知识拓展

在重新设置快捷键的时候，如果新设置的快捷键与本软件中其他命令的快捷键有冲突，在"键盘快捷键"对话框的下方会有相应的提示信息。

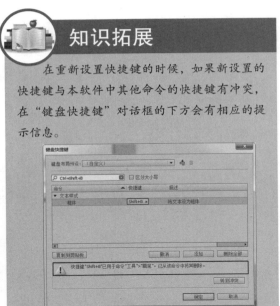

招式 007 在多个窗口之间快速切换

Q 我在制作 Flash 动画时，有时需要打开两个或者两个以上的工作窗口，您能教我如何在多个工作窗口之间快速切换吗？

A 您可以直接在窗口上单击鼠标左键或者在"窗口"菜单栏中选择相应的命令即可。

1. 直接在窗口上单击鼠标

打开本书配备的"素材 \ 第 1 章 \ 背景 .fla 和奖章头像 .fla"项目文件，在窗口中单击"奖章头像 .fla"标签即可切换到奖章头像窗口。

2. 通过菜单栏来切换

❶ 在菜单栏中选择"窗口"选项，❷ 在弹出的下拉菜单的底部可以看到打开文档的名称，在需要切换的文档名称上单击，即可切换到选择的文档。

知识拓展

除了上面两种切换窗口的方法外，还可以使用"Ctrl+Tab"快捷键进行窗口的切换。

招式 008 使用缩放工具缩放舞台的大小

Q 创建规定的比例文档之后，需要绘制大量的素材到舞台中，您能教我如何在不破坏舞台大小的情况下，放大舞台吗？

A 可以。只需使用工具箱中的缩放工具即可调整舞台大小。

1. 选择缩放工具

❶ 在工具箱中选中"缩放工具"按钮，
❷ 可以看到工具箱底部显示"放大"按钮和"缩小"按钮。

2. 缩放舞台大小

❶ 打开一个文档。❷ 选中"放大"按钮，
❸ 在舞台中单击可以将舞台放大。

专家提示

反之使用"缩小"按钮，在舞台上单击即可缩小舞台比例，选中"缩放工具"按钮后，按住键盘上的 Alt 键再单击舞台，可以快速缩小舞台比例。

知识拓展

除了使用缩放工具调整舞台大小比例外，还可以通过输入舞台显示比例来调整舞台的大小。

招式 009 使用手形工具平移舞台

Q 调整舞台的显示比例之后，舞台会偏向另一边，那么如何将舞台调整到场景的中间位置呢？您能教教我如何自由移动舞台吗？

A 可以。只需使用工具箱中的手形工具即可移动舞台。

1. 选择手形工具

❶ 在工具箱中选中"手形工具"按钮👋，❷ 可以看到将鼠标放置到舞台时，鼠标指针将显示手的形状。

2. 移动舞台

当鼠标指针显示手形时，按住鼠标左键即可抓住舞台将其移动。

知识拓展

无论当前处于激活的是什么工具，只需按住键盘上的空格键，当前工具即可转换为"手形工具"，然后再按住鼠标左键移动舞台即可。

招式 010 关闭浮动面板

Q 在工作时，有些浮动面板当前不用，可以将其关闭吗？您能教教我如何关闭不必要的浮动面板吗？

A 可以关闭面板，可以通过"窗口"菜单来完成。

1. Flash CC 的工作界面

在界面中可以看到浮动面板都处于舞台的右侧。

2. 选择"窗口"菜单

❶ 选择菜单栏中的"窗口"选项，❷ 在弹出的下拉菜单中可以看到打钩的都是在界面中显示的面板，要取消面板的显示只需再次选择该命令，取消打钩即可关闭面板。

知识拓展

另一种关闭面板的方法是通过 ❶ 拖曳面板名称，将面板拖曳出来，❷ 单击"关闭"按钮 ☒ 即可将面板关闭。

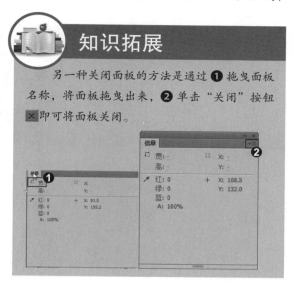

招式 011　通过窗口命令调整工作区

 Q 除了关闭窗口之外，还有什么更加方便的方法来调整工作界面吗？

A 有的，需要通过"窗口"|"工作区"命令来完成。

1. 选择"工作区"命令

❶ 选择菜单栏中的"窗口"选项，❷ 在弹出的下拉菜单中选择"工作区"命令，❸ 可以看到可选的工作区效果。

2. 设置"小窗口"工作区

设置工作区为"小屏幕"模式，可以看到浮动的面板可以折叠到一边，留出更大的创作空间。

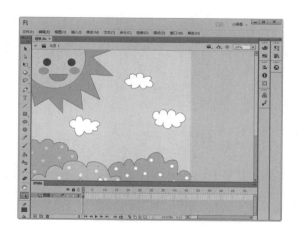

知识拓展

　　通过单击浮动面板的"折叠为图标"按钮▶▶，同样也可以将浮动面板折叠起来；如果想要展开浮动面板，单击"展开面板"按钮◀◀，可以将折叠的浮动面板展开；将鼠标放置到浮动面板的边框上，可以看到鼠标指针呈双向箭头显示，此时可以调整浮动面板的宽度和高度。

2

第 2 章

文档基础操作

本章将正式进入到 Flash CC 文档创作的过程中，主要讲述文档的基础操作，如，如何创建、打开、关闭、保存文档，设置文档的属性，设置标尺、网格、辅助线等。

★★★★ 招式 012 通过欢迎界面创建新文档

Q 安装完成 Flash 之后，想要新建一个文档来制作 Flash，您可以教我如何快速新建文档吗？

A 可以。新建文档的方法有许多，您可以通过欢迎界面来快速创建新文档。

1. 选择"新建"列表中的项目

启动 Flash 软件后，在欢迎界面中选择"新建"列表。用户可以自由地选择要创建的文档类型。

2. 创建新文档

新建空白文档之后，文档的标题为"无标题 1"，白色的区域为舞台，可以在舞台中进行设计。

知识拓展

如果设置了不再显示欢迎界面，想要创建新文档，❶ 选择菜单栏中的"文件"|"新建"命令，❷ 在弹出的"新建文档"对话框中选择需要创建的文档类型，❸ 单击"确定"按钮，即可创建新文档。

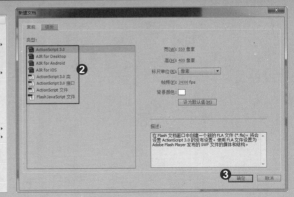

专家提示

Flash CC 欢迎界面中提供的"模板"列表可以创建模板文档，也可以通过欢迎界面打开 Flash 文档，还可以预览最近打开的项目文件。还可以通过"简介"和"学习"下的链接列表链接到帮助。

招式 013　打开已有的 Flash 文档

 在 Flash 中，常常需要打开已经存在的 Flash 文档，进行编辑，但怎么操作才能打开 Flash 文档呢？您能教教我怎么打开已有的 Flash 文档吗？

 可以，您可以使用"打开"命令来实现。

1. 选择文档

❶ 启动 Flash CC 之后，选择菜单栏中的"文件"｜"打开"命令。❷ 弹出"打开"对话框，从中选择本书配备的"素材 \ 第 1 章 \ 笑脸 .fla"项目文件。

2. 打开文档

单击"打开"按钮，即可打开选择的文档，并查看文档的形状效果。

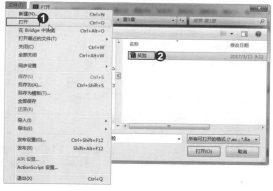

知识拓展

也可以通过以下方法打开已有的 Flash 文档❶在启动 Flash CC 的欢迎界面中单击"打开最近的项目"下的"打开"按钮，❷弹出"打开"对话框，从中可以选择需要打开的文档，❸单击"打开"按钮即可。

招式 **014** 保存 Flash 文档

Q 在完成 Flash 文档制作后，想将文档存储起来，以备日后使用，但是不知道该怎么操作，才能保存 Flash 文档，您能教教我如何保存 Flash 文档吗？

A 可以，您只需使用"保存"命令即可实现。

1. 选择"保存"命令

❶ 新建一个项目文件，并绘制形状。❷ 选择菜单栏中的"文件"|"保存"命令。

2. 保存 Flash 文档

❶ 弹出"另存为"对话框，设置文档名和保存路径，❷ 单击"保存"按钮，即可保存 Flash 文档。

知识拓展

在 Flash CC 中，不仅可以保存新建的文档，还可以将已经保存的文档进行"另存为"操作。❶ 打开已有的项目文件，选择菜单栏中的"文件"|"另存为"命令，❷ 弹出"另存为"对话框，修改文档名和保存路径，单击"保存"按钮即可。

招式 015 快速关闭 Flash 文档

Q 保存 Flash 文档之后，我想关闭存储的 Flash 文档，而不是退出 Flash，您能教教我怎么关闭 Flash 文档吗？

A 可以，其实关闭 Flash 文档的方法很简单，且方法有很多种，下面就来介绍最为常用的，使用"关闭"按钮 × 来关闭文档。

1. 选择要关闭的文档

打开两个文档，选择其中一个需要关闭的文档，单击文档名称右侧的"关闭"按钮 × 关闭文档。

2. 关闭文档

关闭文档后显示另一个打开的文档。

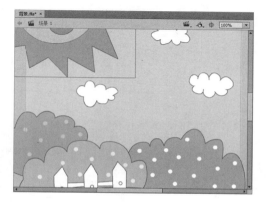

知识拓展

要关闭文档，首先要激活需要关闭的文档，按 Ctrl+W 快捷键可以快速关闭当前文档，如果文档是之前存储过，又被改动了，系统会弹出"保存文档"提示对话框，根据需要单击"是""否"或"取消"按钮。

招式 016 创建 Flash 模板文档

Q 在 Flash 中模板文档是什么，应该怎么创建呢？

A 文档模板是已经编辑好的架构，并具有强大互动扩充功能的影片。使用模板创建新影片文档后，只需根据提示，对模板影片中的可编辑元件进行修改或更换，便可以快速、轻松地创作出具有精彩互动效果的影片。下面介绍如何创建模板文档。

1. 选择"新建"命令

❶ 运行 Flash CC 软件，选择菜单栏中的"文件"|"新建"命令。❷ 弹出"从模板新建"对话框，切换到"模板"选项卡，可以看到模板中列出的类别，选择不同的类别，就会在"模板"列表框中显示相应的模板列表。

2. 选择模板

选择需要的模板，单击"确定"按钮即可创建模板文档。创建模板文档后，可以根据模板文档进行编辑与制作，这样可节省很多的创作时间。

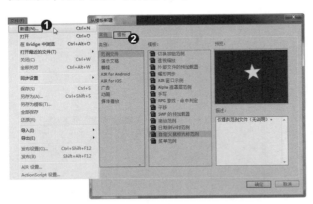

知识拓展

在制作 Flash 动画的过程中，有时会遇到较为满意的动画效果，如果想要将制作的文档存储为模板，可以执行 ❶"文件"|"另存为模板"命令，❷ 弹出"另存为模板警告"提示对话框，单击"另存为模板"按钮，❸ 弹出"另存为模板"对话框，输入模板的名称和相应描述信息，单击"保存"按钮即可将当前的文档存储为模板。

招式 **017** 设置舞台大小

Q 新建完文档后发现新建的舞台有些小，想重新设置一下舞台的大小，后期还能对舞台的大小进行设置吗？

A 设置舞台大小很简单，下面就介绍两种设置舞台大小的操作。

1. 通过命令设置舞台大小

❶ 打开需要设置舞台大小的文档，在菜单栏中选择"窗口"选项，❷ 在弹出的下拉菜单中选择"属性"命令，❸ 打开"属性"面板，在"属性"组中设置合适的"大小"参数。

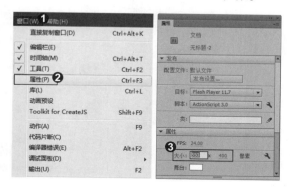

2. 通过对话框设置舞台大小

打开"属性"面板，在"属性"组中单击"大小"后面的"编辑文档属性"按钮，弹出"文档设置"对话框，在其中可以设置舞台大小。

知识拓展

在"属性"面板和"文档设置"对话框中除了可以设置舞台的大小之外，还可以设置舞台的颜色。在"属性"面板中单击"舞台"后的色块，在弹出的颜色拾取器中可以设置舞台的颜色。

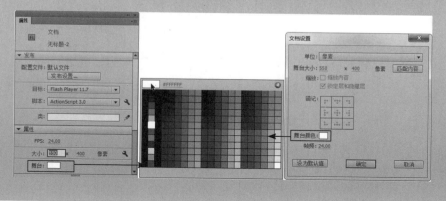

招式 018 显示标尺

Q 我想通过标尺测量和组织动画的布局，但是不知道怎么显示出标尺，您能教教我如何显示标尺吗？

A 可以。其实显示标尺很简单，只需通过"视图"菜单即可显示标尺。

1. 选择命令

❶打开本书配备的"素材\第2章\太阳.fla"项目文件，❷选择菜单栏中的"视图"|"标尺"命令。

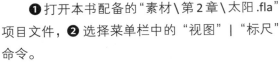

2. 显示标尺

选择"标尺"命令后，在舞台的上方和左侧均显示标尺，从标尺的显示可以测量出当前舞台的大小。

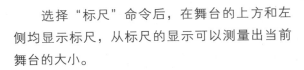

知识拓展

显示标尺后，如果要隐藏标尺，可以继续选择"视图"|"标尺"命令，使其标尺线的对钩取消掉即可隐藏标尺，或直接按组合键 Ctrl+Shift+R。

招式 019 创建辅助线

Q 标尺显示之后怎么使用呢，您能教教我吗？

A 可以。标尺显示之后可以向舞台拖曳出辅助线，它可以帮助用户在创作动画时，使形状都对齐到舞台中某一竖线或横线上，添加辅助线的具体操作如下。

1. 创建纵向辅助线

确定显示了标尺，单击舞台左侧的标尺，按住鼠标左键不放并向舞台右侧拖动，当拖动到想要显示辅助线的位置时，释放鼠标左键，即可显示一条绿色的纵向辅助线。

2. 创建横向辅助线

采用同样的方法，在舞台上方标尺的位置，按住鼠标左键不放并向舞台的下方拖动，到达合适的位置后释放鼠标左键，即可拖出一条横向辅助线。

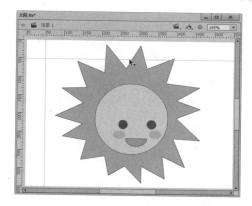

知识拓展

创建辅助线之后如何精确调整辅助线的位置呢？只需在需要调整的辅助线上双击，将弹出"移动辅助线"对话框，在"位置"文本框中设置参数后，单击"确定"按钮即可精确调整辅助线到输入参数的位置。

招式 020　清除辅助线

Q 使用辅助线创建完成动画之后，能不能将辅助线清除掉，您能教教我吗？

A 可以。清除辅助线的操作非常简单，具体操作如下。

1. 选择命令

选择菜单栏中的"视图"|"辅助线"|"清除辅助线"命令。

2. 清除辅助线

执行"清除辅助线"命令后，舞台比较干净，可以观察舞台中元件或图形的效果。

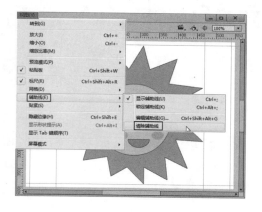

知识拓展

对于不需要的辅助线，只要将鼠标指针移到该辅助线上，按住鼠标左键不放并向舞台外部拖动，释放鼠标左键即可删除该辅助线。

招式 **021** 隐藏辅助线

Q 在制作过程中想要隐藏辅助线，以观察整体效果，您能教教我吗？

A 可以。隐藏辅助线需要利用"辅助线"对话框，从中取消"显示辅助线"复选框的选中即可，具体操作如下。

1. 打开对话框

❶ 选择菜单栏中的"视图"|"辅助线"|"编辑辅助线"命令，❷ 可以看到"显示辅助线"复选框处于勾选状态，说明舞台中辅助线是处于显示状态的。

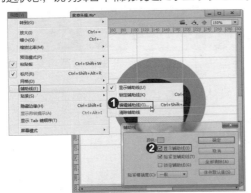

2. 隐藏辅助线

❶ 取消"显示辅助线"复选框的选中，❷ 可以看到舞台中的辅助线隐藏了。

知识拓展

每次都要打开"辅助线"对话框来显示和隐藏辅助线有些不方便，使用 Ctrl+；组合键可以快速地显示和隐藏辅助线，提高制作效率。

招式 **022** 修改辅助线的颜色

Q 在使用辅助线的时候，辅助线的颜色会与舞台中的元素颜色相同，能不能更改一下辅助线的颜色呢？您能不能教教我如何更改辅助线的颜色？

A 可以。需要在"辅助线"对话框中设置。

1. 打开对话框

❶ 选择菜单栏中的"视图"|"辅助线"|"编辑辅助线"命令，❷ 弹出"辅助线"对话框。

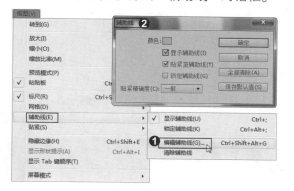

2. 设置辅助线颜色

在"辅助线"对话框中单击"颜色"色块，可以在弹出的拾色器中选择一种合适的颜色即可更改辅助线的颜色。

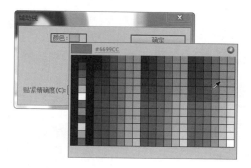

知识拓展

除了在"视图"菜单中可以选择"辅助线"相关命令，还可以在文档中单击鼠标右键，从弹出的快捷菜单中选择"辅助线"命令，从中可以设置辅助线的各项参数。

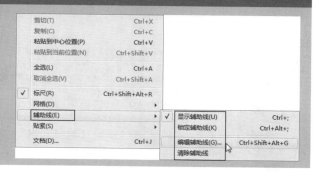

招式 023 显示网格

Q 在创建元件时，有没有方便元件位置控制的一种辅助工具呢？

A 有，网格工具就可以。Flash 中的网格主要作用是为了设计时方便元件的位置控制，在使用上也比较简单。养成良好的使用网格设计动画习惯，对提高动画设计效率很有帮助。

1. 选择命令

新建一个空白的文档，选择菜单栏中的"视图"|"网格"|"显示网格"命令。

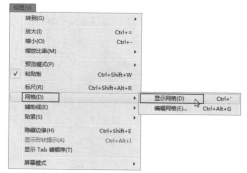

2. 显示网格

选择"显示网格"命令后，在舞台中显示出网格，可以借助网格的辅助功能来绘制图形。

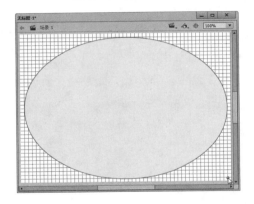

知识拓展

显示网格后，继续选择菜单栏中的"视图"|"网格"|"显示网格"命令可以取消网格的显示，显示和隐藏网格的快捷键是 Ctrl+'。

招式 024 编辑网格

 Q 网格的大小和颜色可以调整吗？您可以教教我如何编辑网格吗？

A 可以。通过使用"编辑网格"命令即可对网格进行编辑。

1. 打开对话框

❶ 选择菜单栏中的"视图"|"网格"|"编辑网格"命令，❷ 弹出"网格"对话框。

2. 设置网格颜色

❶ 在"网格"对话框中单击"颜色"色块，❷ 在弹出的拾色器中选择需要设置的网格颜色。

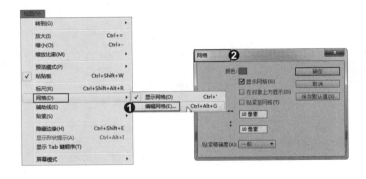
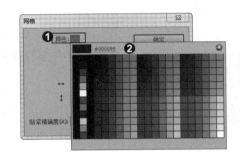

3. 网格颜色效果

设置网格的颜色后，可以看到舞台中网格的颜色更改为设置好的效果。

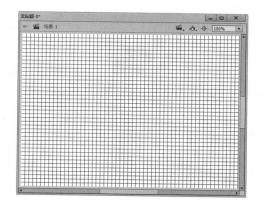

4. 修改网格的宽度和高度

在"网格"对话框中设置 ↔ 图标后的参数，可以修改网格的宽度，调整 ↕ 图标后的参数，可以修改网格的高度。

 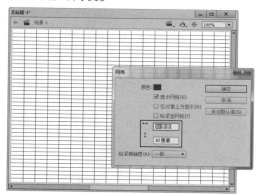

知识拓展

另一种显示"网格"对话框的方法是，❶ 在场景中单击鼠标右键，从弹出的快捷菜单中选择"网格" | "编辑网格"命令，❷ 弹出"网格"对话框，从中可以修改网格的参数。

招式 025 撤消与重做

Q 在制作 Flash 动画的操作过程中，如果出现了错误，想对其更改应该怎样操作呢？您可以教教我吗？

A 可以。使用"撤消"和"重做"命令即可。

1. 打开文档

打开本书配备的"素材 \ 第 2 章 \ 小花 .fla"项目文件。

2. 调整花的颜色

　　打开小花素材后，分别调整小花的脸蛋颜色和圆脸颜色，对原有的文档进行一些改变，以便执行"撤消"命令和"重做"命令。

3. 使用"撤消"命令

　　选择菜单栏中的"编辑"|"撤消不选"命令，或按快捷键 Ctrl+Z 来撤消上一步的操作，可以继续执行撤消命令，直到撤消到需要的操作。

4. 使用"重做"命令

　　如果撤消错误，可以选择菜单栏中的"编辑"|"重做填充颜色"命令或按"Ctrl+Y"快捷键，返回到撤消之前的操作。

知识拓展

　　撤消的步数是可以设置的，❶ 选择菜单栏中的"编辑"|"首选参数"命令，❷ 弹出"首选参数"对话框，从中设置撤消的层级，即可设置返回的上限操作步数。

 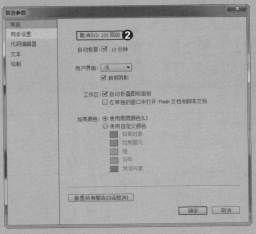

招式 026 使用历史记录撤消和重做

Q 使用快捷键看不到撤消到哪一步了，不太明了，而一直使用菜单又太浪费时间，有没有简单又明了的撤消与重做方法呢？您可以教教我吗？

A 有。可以使用"历史记录"浮动面板。

1. 打开"历史记录"面板

❶ 选择菜单栏中的"窗口"|"历史记录"命令，❷ 打开"历史记录"面板。

2. 设置重放的步骤

在"历史记录"面板中拖曳左侧的滑块可以返回到滑块指定的操作步骤，在拖动滑块的过程中可以参考舞台中的预览操作。

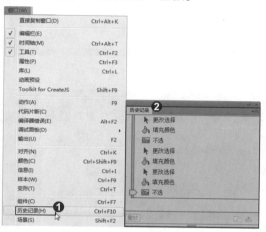

知识拓展

❶ 在"历史记录"面板中选择需要再次设置的命令，❷ 单击"重放"按钮，❸ 即可重放选择的操作到当前操作下。

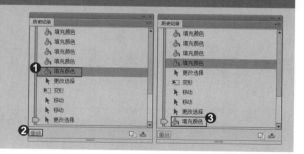

招式 027 使用贴紧对齐

Q 在绘制元件时，有没有一种类似捕捉的功能使元件在靠近另一个元件时，出现参考线，来参考元件的位置，您能教教我吗？

A 有。可以使用"贴紧对齐"命令。

1. 选择"贴紧对齐"命令

选择菜单栏中的"视图"|"贴紧"|"贴紧对齐"命令。

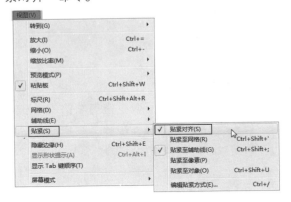

2. 显示参考线

在舞台中移动一个图形或元件到另一个图形或元件时，会出现位置的参考线。

知识拓展

贴紧对齐是默认选择状态的命令，如果不想使用贴紧对齐则可以取消"贴紧对齐"命令的勾选。另一种贴紧对齐的打开方式是，❶在舞台的空白处单击鼠标右键，从弹出的快捷菜单中选择"贴紧"|"编辑贴紧方式"命令，❷弹出"编辑贴紧方式"对话框，从中选中需要使用的贴紧复选框，将不需要的贴紧方式复选框取消勾选即可。

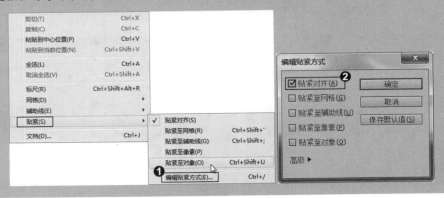

招式 028 使用贴紧网格

Q 在使用网格的时候，为什么捕捉不到网格的边和角呢？您能教教我怎么用吗？

A 可以。使用"贴紧至网格"命令即可捕捉网格的边和角。

1. 选择"贴紧至网格"命令

❶设置贴紧之前首先要在舞台中显示网格，❷选择菜单栏中的"视图"|"贴紧"|"贴紧至网格"命令。

2. 显示参考线

选择"贴紧至网格"后，在舞台中绘制图层，移动鼠标绘制时，这个图形会紧贴网格进行移动，可以方便地实现对图形水平或垂直方向上的移动。

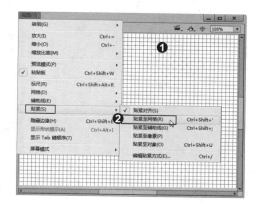

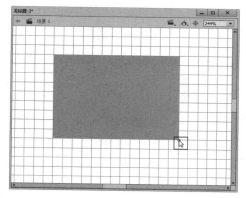

知识拓展

贴紧至网格的方法还可以通过"编辑网格"命令来进行修改，❶在菜单栏中选择"视图"|"网格"|"编辑网格"命令，❷弹出"网格"对话框，从中选中"贴紧至网格"复选框，❸在"贴紧精确度"下拉列表中提供了"必须接近""一般""可以远离"和"总是贴紧"选项，可以根据自己的情况来选择贴紧的精确度。

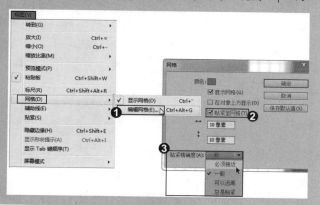

招式 029 使用贴紧至辅助线

Q 我想通过辅助线来绘制一个图形，使其有固定的大小，您能否教教我如何使用辅助线绘制图形吗？

A 可以。使用"贴紧至辅助线"命令即可捕捉网格的边和角。

秘笈
分钟 **Flash** 动画设计实战秘技 **250** 招

1. 选择"贴紧至辅助线"命令

❶ 首先通过标尺向舞台添加辅助线，❷ 选择菜单栏中的"视图"|"贴紧"|"贴紧至辅助线"命令。

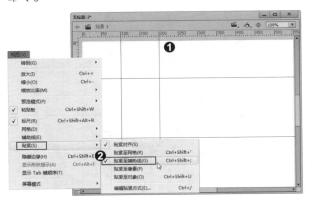

2. 显示参考线

选择"贴紧至辅助线"命令后，按住鼠标绘制图形时，图形的边缘就会吸附到辅助线上。

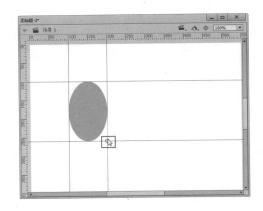

知识拓展

使用"贴紧至辅助线"命令移动图形时，❶ 如果鼠标按住图形左侧移动图形，则图形左边轮廓会吸附到辅助线上。❷ 如果鼠标位置居中移动图形时，则图形中心会吸附到辅助线上。❸ 如果鼠标按住图形右侧移动图形，则图形右边轮廓会吸附到辅助线上。

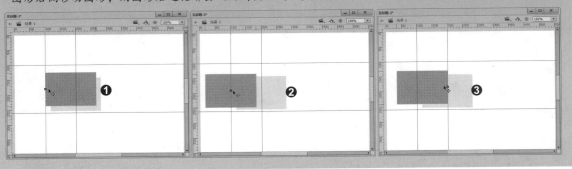

招式 030 其他的贴紧命令

Q 前面介绍了"贴紧对齐""贴紧至网格""贴紧至辅助线"命令，那么"贴紧至像素"和"贴紧至对象"命令怎么使用，您能教教我吗？

A 可以。

1. 使用"贴紧至像素"命令

❶ 选择菜单栏中的"视图"|"贴紧"|"贴紧至像素"命令，❷ 选择了"贴紧至像素"时，我们将场景放大到 400% 以上，场景中会出现像素网格，❸ 此时在移动图形时，图形会自动贴紧这些像素进行移动，效果与"贴紧至网格"命令的执行效果类似。

2. 使用"贴紧至对象"命令

❶ 选择菜单栏中的"视图"|"贴紧"|"贴紧至对象"命令，❷ 当移动一个图形靠近另一个图形时，会显示出吸附点，并吸附到另一个图形上，以防止图形碰撞。

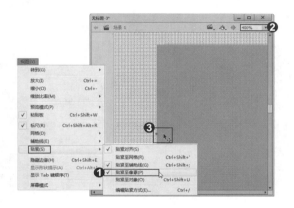

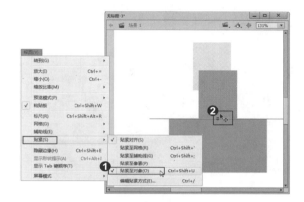

知识拓展

在前面介绍了如何使用贴紧，下面将介绍如何对贴紧进行编辑。❶ 选择菜单栏中的"视图"|"贴紧"|"编辑贴紧方式"命令，❷ 弹出"编辑贴紧方式"对话框，从中可以选中需要使用的贴紧方式复选框。❸ 单击"高级"按钮，❹ 展开高级参数选项，通过更改贴紧对齐参数，可以实现一个图形沿另一个图形轮廓以一定像素位置移动，从而精确控制两个图形间的距离，在使用上也是比较灵活的。

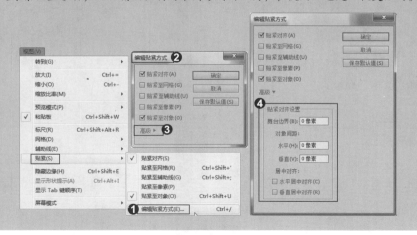

3

第 3 章

体验趣味形状游戏

　　本章将讲述 Flash CC 工具箱中各种绘图和编辑工具的使用方法，通过讲述这些常用的工具类型来熟悉如何创建有趣的图形形状，需要清楚各种工具的用途以及使用工具中的一些技巧，并能够将多种功能配合使用，从而绘制出丰富多彩的形状图像。

招式 031 绘制矩形

Q 了解了软件的基本操作后，我想在舞台中绘制一个矩形作为基础形状，您能教教我矩形工具的使用吗？

A 可以。

1. 选择矩形工具

运行 Flash CC，将工具箱拖曳出来，在工具箱中选中"矩形工具"按钮▇。

2. 绘制矩形

在舞台中需要绘制矩形形状的位置单击并拖动鼠标确定出矩形的一个角位置，绘制出需要的长宽后，释放鼠标左键即可绘制出矩形。

知识拓展

笔触颜色和填充颜色是用来设置形状颜色的，例如我们 ❶ 设置笔触颜色为黑色，设置填充颜色为红色，❷ 在舞台中绘制矩形，可以看到绘制的矩形为红色，边框为黑色。

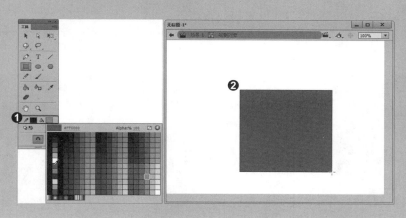

招式 032 基本矩形工具与矩形工具的区别

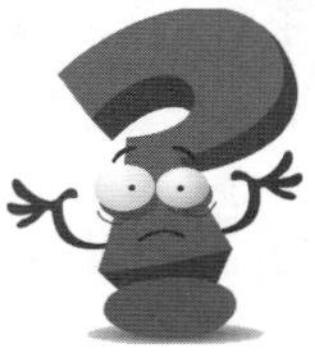

Q 在工具箱中可以看到两个矩形工具，基本矩形工具和矩形工具，请问这两个工具有什么区别吗？

A 矩形工具绘制的是矩形形状，而基本矩形工具绘制的是图元，图元创建之后，可以在任何时候对其形状、大小和半径等属性进行调整；而形状是在创建之前进行属性的调整，只能应用到绘制的形状中，具体可以参考以下操作。

1. 打开“属性”面板

❶ 在工具箱中选中“矩形工具”按钮■，可以看到矩形工具的“属性”面板。❷ 在工具箱中选中“基本矩形工具”按钮■，可以看到基本矩形工具的“属性”面板，观察这两个面板可以看到它们的属性是相同的。

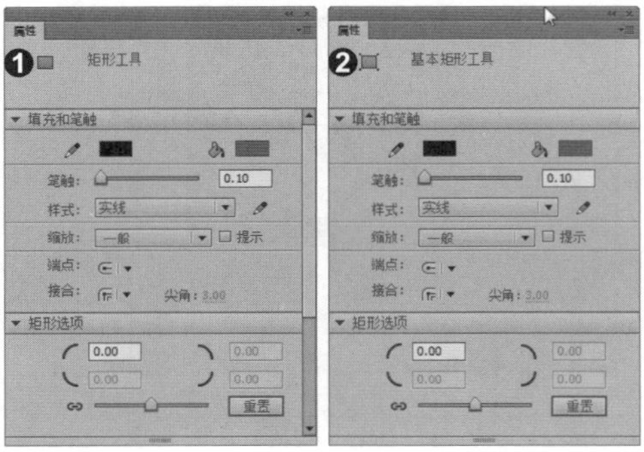

2. 绘制矩形和基本矩形

❶ 在舞台中绘制矩形，❷ 继续在舞台中绘制基本矩形，可以看到作为图元的基本矩形周围有控制点，而矩形没有。

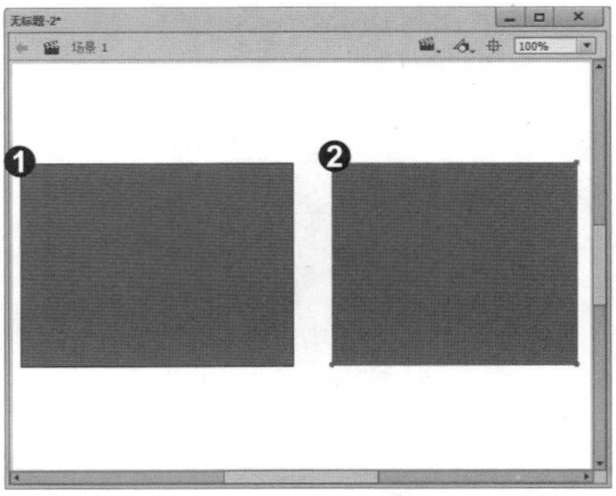

3. 选择矩形

❶ 使用“选择工具”按钮，在舞台中矩形的形状上单击选择矩形。❷ 此时观察矩形的“属性”面板，可以看到面板中的参数变为“形状”属性面板。

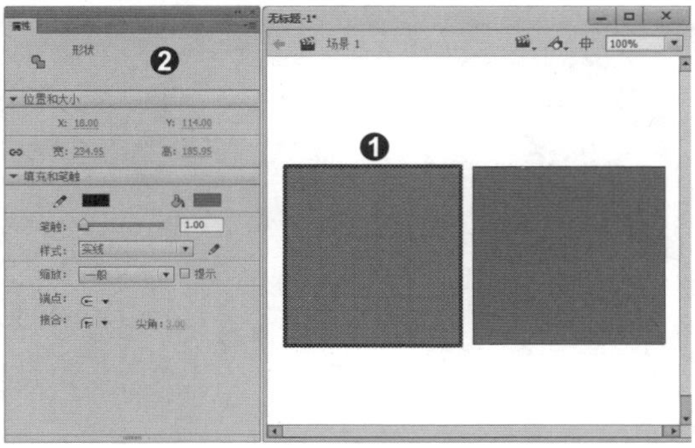

4. 选择基本矩形

❶ 使用“选择工具”按钮，在舞台中基本矩形上单击选择基本矩形。❷ 此时观察矩形的“属性”面板，可以看到面板中的参数依然是基本矩形工具的相关参数，标题则改为“矩形图元”。

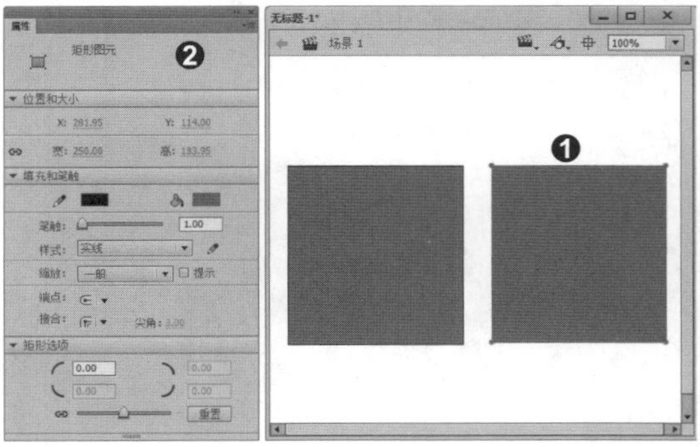

知识拓展

通过矩形和基本矩形工具可以创建圆角和内圆角矩形，❶ 选中"矩形工具"按钮■，在"属性"面板中设置合适的角半径，❷ 在舞台中绘制矩形，即可绘制出圆角矩形，❸ 选中"基本矩形工具"按钮■，在"属性"面板中设置合适的角半径，❹ 在舞台中绘制内圆角矩形。

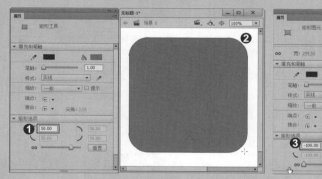 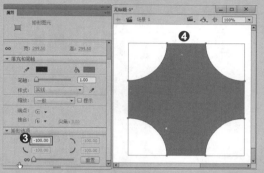

招式 033 绘制精确大小的矩形

Q 我想绘制一个与舞台同样大小的矩形作为背景来使用，您能教教我如何绘制一个精确大小的矩形吗？

A 可以，您只需使用"属性"面板即可。

1. 选择工具

❶ 在工具箱中选中"矩形工具"按钮■，❷ 在"属性"面板中设置圆角为 0。

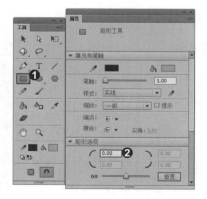

2. 查看舞台大小

在舞台的空白处单击，即可在"属性"面板中看到舞台的大小。

3. 选择矩形

❶ 在工具箱中选中"选择工具"按钮 ，
❷ 在舞台中双击矩形形状，将其选中。

4. 设置矩形的大小

确定矩形形状处于选中状态，❶ 在"属性"面板中单击"位置和大小"组中的 按钮，将其"宽"和"高"解锁 ，❷ 设置"宽"和"高"为舞台大小的尺寸即可。

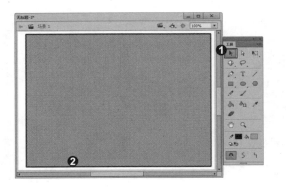

知识拓展

调整好形状的大小后，可以使用贴紧对齐调整形状的位置，也可以通过"属性"面板中精确的 X、Y 轴参数，精确调整形状的具体位置。

招式 034 绘制椭圆

Q 我想在舞台中绘制圆形，您能教教我如何使用椭圆工具吗？

A 可以。

1. 选择工具

要绘制椭圆和圆，首先要 ❶ 在工具箱中选中"椭圆工具"按钮 ，❷ 在舞台中按住鼠标左键并拖动即可绘制出椭圆。

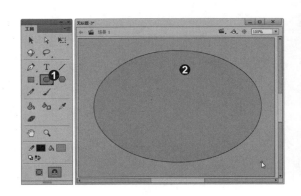

2. 绘制椭圆

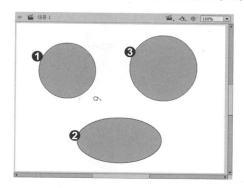

❶ 按住 Shift 键拖动鼠标可以绘制正圆，❷ 按住 Alt 键拖动鼠标可以以鼠标单击点为中心，向四周绘制椭圆，❸ 按住 Alt+Shift 快捷键拖动鼠标可以由中心向四周绘制正圆。

知识拓展

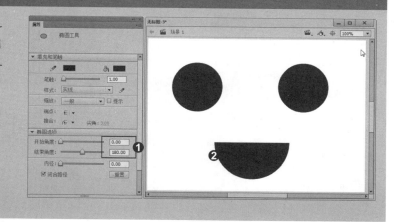

除了可以绘制圆和椭圆之外，使用圆工具还可以绘制半圆和扇形，绘制半圆或扇形时需要❶ 在"属性"面板中设置开始角度和结束角度，设置好参数之后，❷ 在舞台中即可绘制出相对应的扇形或半圆。

招式 035 使用基本椭圆工具

 Q 基本椭圆工具与椭圆工具的使用一样吗，有什么不同之处和优点吗？

A 基本椭圆工具相对椭圆工具来说易于操作，具体介绍如下。

1. 选择工具

❶ 在工具箱中选中"基本椭圆工具"按钮 ，❷ 在舞台中拖曳鼠标绘制椭圆。

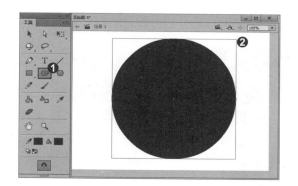

2. 打开基本椭圆的"属性"面板

绘制椭圆之后，选择基本椭圆图元，可以看到椭圆图元的"属性"面板，从中可以对椭圆的参数进行修改。

3. 修改椭圆的"属性"参数

通过修改椭圆在"属性"面板中的参数，可以实时地在舞台中预览椭圆的效果。

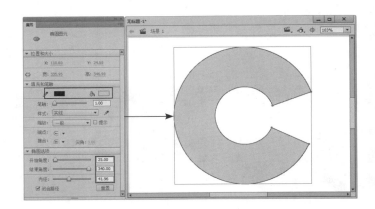

知识拓展

如果想要将图元转换为形状进行修改，❶ 可以在图元形状上单击鼠标右键，在弹出的快捷菜单中选择"分离"命令，❷ 分离后即可将图元转换为形状进行编辑。

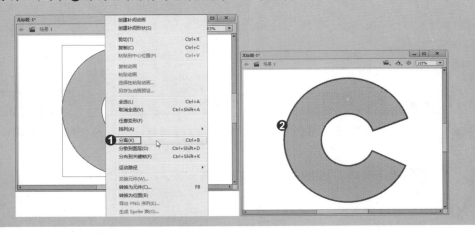

招式 036 绘制多角星形

Q 请问我想使用多角星形绘制五角星，您能教教我多角星形怎么绘制吗？

A 可以。

1. 选择工具

❶ 在工具箱中选中"多角星形工具"按钮▣，❷ 可以看到"多角星形工具"的"属性"面板，单击"选项"按钮。

2. 设置参数

❶ 弹出"工具设置"对话框，设置"样式"为"星形"，并设置需要的"边数"和"星形顶点大小"。❷ 在舞台中绘制星形，即可得到设置的星形效果。

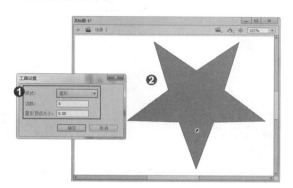

知识拓展

通过设置"星形顶点大小"可以设置星形的内顶点收缩，对比效果如下图。

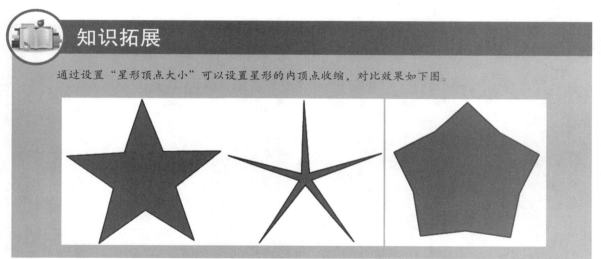

★ ★ ★ ★ ★
招式 037 绘制样条线

Q 我想绘制样条线，您能教教我如何绘制样条线吗，在绘制的过程中有什么技巧吗？

A 可以。

1. 选择工具

❶ 在工具箱中选中"样条线工具"按钮 ✎ ，
❷ 在舞台中拖曳鼠标左键即可绘制样条线。

2. 绘制样条线

在绘制样条线时，按住 Shift 键可以绘制水平、垂直和 45° 斜线；按住 Alt 键可以以中心点向两端延伸绘制样条线。

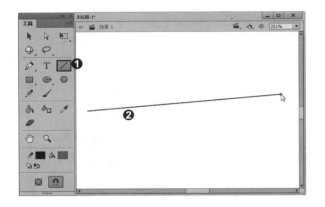

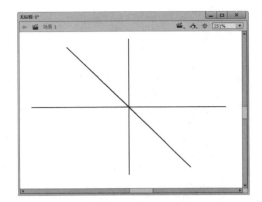

知识拓展

如果想绘制粗细不等的样条线，可以 ❶ 选中"样条线工具"按钮 ✎ ，❷ 通过"属性"面板中的轮廓笔触来调整，同时通过调整笔触颜色来调整样条线的颜色。

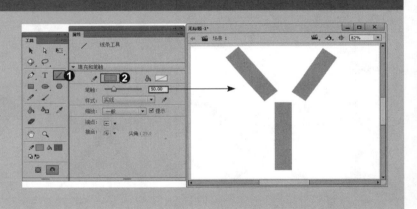

★★★★★ **招式 038** 样条线的样式

Q 我想使用样条线绘制出斑马线或者具有锯齿状的线，能不能使用样条线来实现，您能教教我吗？

A 可以。绘制样条线后，在"属性"面板中设置笔触的"样式"即可实现。具体操作如下。

1. 创建线

❶ 在工具箱中选中"样条线工具"按钮 ，在舞台中随意创建一条线，❷打开"属性"面板，在"填充和笔触"组中可以看到默认的样条线样式为"实线"。

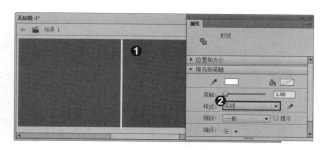

2. 查看样式

❶ 在"属性"面板中单击"填充和笔触"组中"样式"下拉列表框右侧的下三角按钮，❷ 从弹出的下拉列表中可以查看系统提供的样式，选择需要的"斑马线"样式。

3. 实现的效果

选择斑马线效果后，通过设置"笔触"可以设置斑马线的宽度。

4. 访问其他样式

除此之外，还可以选择其他的样式，例如"点刻线"。

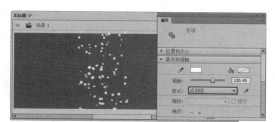

知识拓展

上面的实例中我们讲述了使用样条线的样式，那么可不可以对样条线的样式进行修改呢？❶ 在"属性"面板的"填充和笔触"组中"样式"下拉列表框后，可以看到一个 按钮，单击该按钮，❷ 弹出"笔触样式"对话框，从中可以对当前选择的样条线形式进行修改。

招式 **039** 使用铅笔工具

Q 铅笔工具如何使用，您能教教我吗？

A 可以。使用铅笔工具可以刻画出线条和其他形状，就像使用真正的铅笔一样。画出线条后，Flash 会根据情况对它进行拉直或平滑处理。铅笔的使用方法如下。

1. 选择工具

❶ 在工具箱中选中"铅笔工具"按钮✏，❷ 在工具箱的底部可以看到有三种铅笔类型：伸直、平滑和墨水。

2. 绘制形状

选择一种合适的类型后，通过设置"属性"面板中的笔触颜色和笔触的粗细来绘制形状。

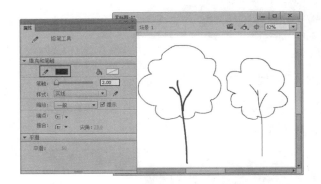

知识拓展

如果想使用"铅笔工具"按钮✏绘制直线，可以按住 Shift 键来绘制水平或垂直的线。

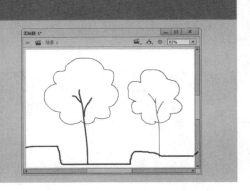

招式 **040** 使用刷子工具

Q 看到别人使用刷子画的图形非常自然，您能教教我如何使用刷子工具吗？

A 可以。使用刷子工具可以随意地画色块。

1. 选择工具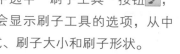

❶ 在工具箱中选中"刷子工具"按钮 ✎，
❷ 在工具箱底部会显示刷子工具的选项，从中可以定义刷子模式、刷子大小和刷子形状。

2. 绘制形状

　　这里我们使用默认的标准绘画模式，在舞台中绘画，可以看到刷子绘制的图形比较流畅自然。

知识拓展

刷子模型包括标准绘画、颜料填充、后面绘画、颜料选择、内部绘画几种。

标准绘画：选择刷子工具，并将填充颜色设置为红色，也可以是其他色。先选择"标准绘画"模式，移动笔刷(当选择了刷子工具后，鼠标指针就变为刷子形状)到舞台的树叶形状上，拖动鼠标在叶子上涂抹，可以看到刷子涂抹到形状上。

颜料填充：选择"颜料填充"模式，它只影响填色的内容，而不会遮盖住线条。

后面绘画：选择"后面绘画"模式，无论你怎么画，它都在形状的后方，不会影响前景形状。

颜料选择：用"选择工具" ▶ 选中叶片的一块，再使用画笔，可以看到绘制的颜色只影响选择的部分区域。

内部绘画：选择"内部绘画"模式，在绘画时，画笔的起点必须是在轮廓线以内，而且画笔的范围也只作用在轮廓线以内。

★★★★★ 招式 **041** 钢笔工具的使用

 您能教教我钢笔工具如何使用吗?

 可以。钢笔工具可以通过锚点来定位线段。使用钢笔工具，可以绘制直线也可以绘制曲线，具体的使用方法如下。

1. 选择工具

❶ 在工具箱中选中"钢笔工具"按钮，❷ 在舞台中单击创建第一个锚点。

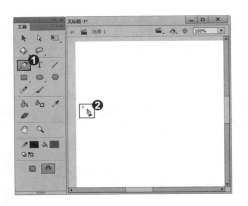

2. 继续创建锚点

❶ 移动鼠标并继续单击，创建第二个、第三个锚点，可以通过锚点创建线段，❷ 想要创建闭合的样条线，可以将鼠标指针放置到第一个锚点上，当鼠标指针变为形状时，即可闭合样条线。

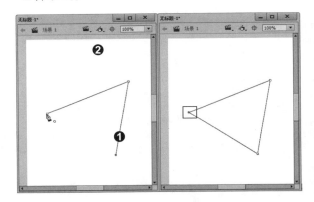

3. 创建曲线锚点

❶ 选中"钢笔工具"按钮，❷ 在舞台中按住鼠标左键拖动可以看到锚点出现的控制手柄。

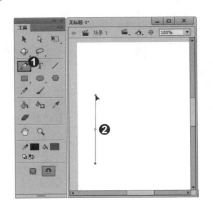

4. 绘制曲线

创建带有控制手柄的锚点后，继续在第二个锚点的位置按住鼠标左键，拖曳控制手柄，创建曲线。

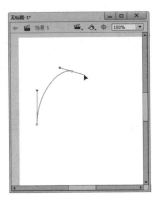

知识拓展

在使用钢笔工具时，可以显示网格或添加辅助线，配合使用贴紧命令绘制精确的形状，尤其是对称形状。

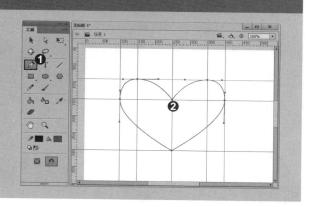

招式 042　添加和删除锚点工具的使用

Q 使用钢笔工具绘制形状后，可以添加锚点进行调整吗，同时如何将多余的锚点删除，您能教教我吗？

A 可以。使用"添加锚点工具"按钮 和"删除锚点工具"按钮即可。

1. 添加锚点工具

在工具箱中选中"钢笔工具"按钮，展开隐藏的工具，❶ 选中"添加锚点工具"按钮 ，❷ 在形状的边界单击，即可添加锚点，通过添加锚点可以对形状进行编辑。

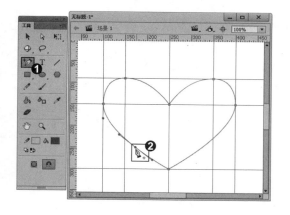

2. 删除锚点工具

❶ 在工具箱中选中"删除锚点工具"按钮 ，在舞台中选择形状，❷ 在不需要的锚点位置上单击，即可将选中的锚点删除。

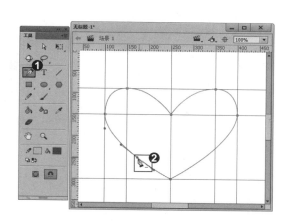

知识拓展

　　如果当前选中为"添加锚点工具"按钮 或"删除锚点工具"按钮 ，可以按住 Alt 键以切换使用两个工具。❶ 如果当前选中的工具为"钢笔工具"按钮 ，可在没有锚点的路径位置上停留即看到添加锚点的光标，❷ 如果在已有的锚点上停留鼠标，则会出现删除锚点的光标。

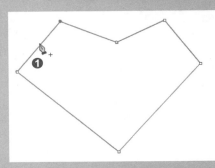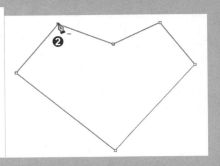

招式 043 使用转换锚点工具调整形状

Q 使用钢笔工具绘制形状后，如何对形状进行修改，您能教教我吗？

A 可以，使用转换锚点工具就可以。

1. 转换锚点工具

　　❶ 在工具箱中选中"转换锚点工具"按钮 ，❷ 在舞台中单击曲线的一个锚点，曲线将会变为直线；❸ 若在锚点上按住鼠标左键拖动，则会将线段折弯，同时在锚点的位置出现一个带有两个控制点的调节手柄。

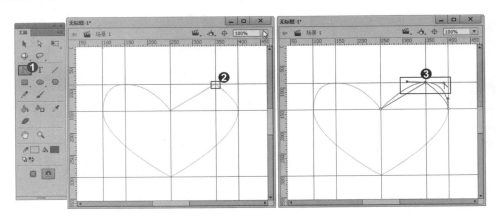

2. 转换点为角点

❶ 在工具箱中选中"转换锚点工具"按钮，❷ 在曲线锚点上单击，可以将曲线点变为角点。

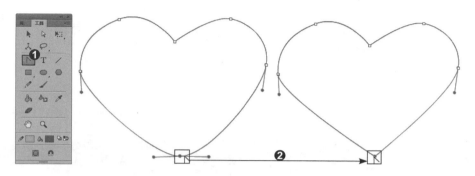

 知识拓展

❶ 如果当前选中"转换锚点工具"按钮，

❷ 按住 Alt 键可以在调整控制点的同时，复制正在调整的线段。

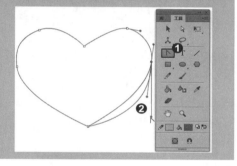

招式 **044** 部分选取工具

Q 在调整锚点时，使用"转换锚点工具"按钮调整控制手柄必须要将锚点转换为角点，有点麻烦，有没有直接调整控制手柄的工具，您能教教我吗？

A 有，"部分选取工具"就可以。

1. 选择工具

❶ 在工具箱中选中"部分选取工具"按钮，❷ 选择部分线之后则会出现相对的锚点和控制手柄。

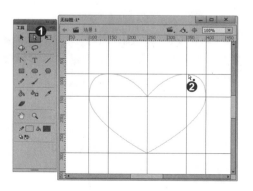

2. 调整锚点

选择部分样条线之后，可以显示锚点，单击锚点即可选中锚点，对锚点进行移动，还可以对锚点的控制手柄进行调整。

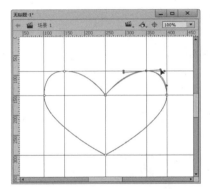

知识拓展

❶ 使用"部分选取工具"按钮 ▶ 可以在形状上减少锚点，只需在需要删除的锚点上单击选中锚点，❷ 按 Delete 键，即可将锚点删除。

招式 045 橡皮擦工具

Q 橡皮擦有几种模式，您能教教我如何灵活使用橡皮擦的各种模式吗？

A 可以。

1. 选中工具

❶ 在工具箱中选中"橡皮擦工具"按钮 。
❷ 在工具箱底部单击"橡皮擦模式"按钮 ◎，可以看到对应的五种橡皮擦模式。

2. 标准擦除

❶ 在橡皮擦模式中选择"标准擦除"选项，❷ 标准擦除可以对同一图层中的形状、边线和打散的位图及文字进行擦除。

3. 擦除填色

❶ 在橡皮擦模式中选择"擦除填色"选项，❷ 选择"擦除填色"选项后，橡皮擦经过的地方，只会对填充的色块造成影响，线条不会被擦除。

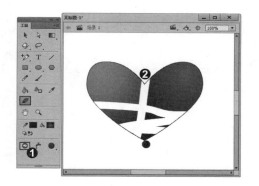

4. 擦除线条

❶ 在橡皮擦模式中选择"擦除线条"选项，❷ 选择"擦除线条"选项后，只能擦除外部边线，不会对填充的颜色造成影响。

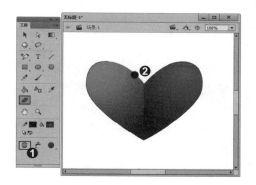

5. 擦除所选填充

在工具箱中选中"选择工具"按钮 选择需要擦除的形状，❶ 在橡皮擦模式中选择"擦除所选填充"选项，❷ 选择"擦除所选填充"后，使用橡皮擦可以擦除被选择的部分。

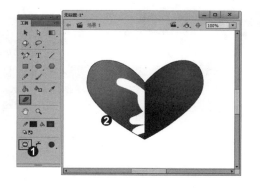

6. 内部擦除

❶ 在橡皮擦模式中选择"内部擦除"选项，❷ 选择"内部擦除"选项后，只能擦除形状封闭区域内连续的填充色。

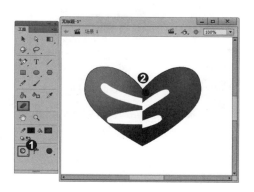

知识拓展

❶ 橡皮擦还有一种"水龙头"模式，选择"水龙头"模式，❷ 将光标移动到形状上，按下鼠标左键，可以将填充色清除，这种方法类似于选择并删除。

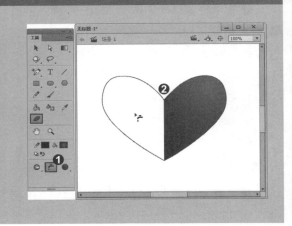

招式 046 将形状更改为填充

 Q 能不能对形状进行填充，您能教教我吗？

A 可以。但是要将形状转换为填充才可以。

1. 选择形状

❶ 在工具箱中选中"选择工具"按钮，❷ 在形状上双击选择形状。

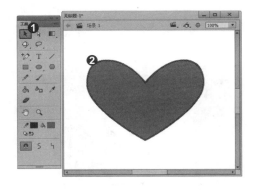

2. 设置形状的笔触样式

选择形状后，在"属性"面板中可以看到形状的属性，从中可以选择合适的样式。

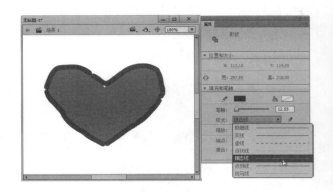

3. 选择"将线条转换为填充"命令 ---------------------------

　　❶ 选择菜单栏中的"修改"｜"形状"｜"将线条转换为填充"命令。❷ 将线条转换为填充之后，选择形状，可以看到转换后形状的"属性"面板，"笔触"为禁用状态了，而"填充"为启用状态。

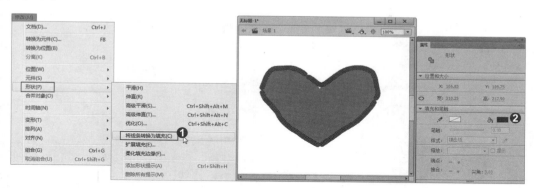

知识拓展

　　将形状转换为填充后，就可以对其余形状进行调整了，例如使用"选择工具" ▶，调整形状的效果，这样可以使绘制的形状更加自然和流畅。

招式 **047** 扩展填充

　　Q 有时候将形状转换为填充后就无法设置边框的粗细了，您有什么好的办法，能教教我吗？

　　A 有。可以使用"扩展填充"命令来加粗原始的形状。

1. 打开文档

❶ 打开本书配备的"素材 \ 第 3 章 \ 鸡蛋君 .fla"项目文件，❷ 使用"选择工具"按钮选择作为脸蛋的红色。

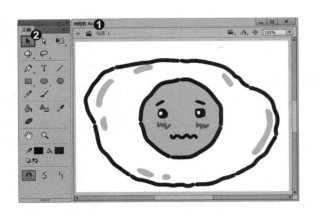

2. 选择"扩展填充"命令

选择菜单栏中的"修改" | "形状" | "扩展填充"命令。

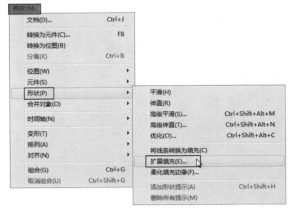

3. 设置"扩展填充"参数

❶ 选择"扩展填充"命令后，弹出"扩展填充"对话框，设置合适的"距离"，并设置"方向"为"扩展"，❷ 单击"确定"按钮。

4. 设置的填充效果

设置扩展填充后，观察效果，可以看到选择的形状相对之前变粗许多。

 知识拓展

使用"扩展填充"命令除了扩展填充外，还可以插入填充，插入填充可以使选择的轮廓形状变细，像是从外侧切掉一圈，❶ 选择需要插入效果的形状。❷ 选择菜单栏中的"修改"|"形状"|"扩展填充"命令，弹出"扩展填充"对话框，从中设置合适的"距离"，并设置"方向"为"插入"，单击"确定"按钮。❸ 可以看到使用插入填充的效果。

招式 048 柔化填充边缘

Q "柔化填充边缘"命令与"扩展填充"命令有什么区别，您能帮我分析一下吗？

A 可以。"柔化填充边缘"命令与"扩展填充"命令相似，都是对形状的轮廓进行放大或缩小填充，不同的是"柔化填充边缘"可以在填充边缘产生多个逐渐透明的形状层，形成柔化的效果。

1. 选择形状

在舞台中绘制一个形状，❶ 在工具箱中选中"选择工具"按钮，❷ 选择绘制的形状。

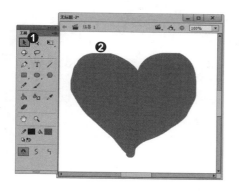

2. 选择"柔化填充边缘"命令

选择菜单栏中的"修改"|"形状"|"柔化填充边缘"命令。

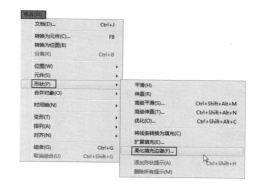

3. 设置参数

❶ 在弹出的"柔化填充边缘"对话框中设置合适的"距离"和"步长数"，设置"方向"为"扩展"，❷ 单击"确定"按钮。

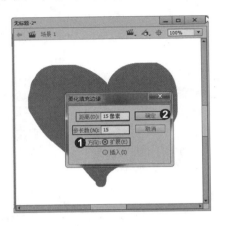

4. 设置的柔化填充边缘效果

设置柔化填充边缘后，观察扩展后的柔化边缘效果，可以看到相对之前的形状来说变粗了些，而且还产生了柔化的边缘效果。

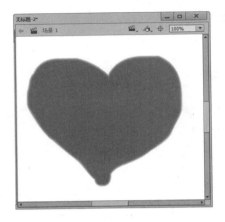

知识拓展

"柔化填充边缘"命令与"扩展填充"命令相似，❶ 在其对话框中都有一个"插入"单选按钮，使用"插入"单选按钮柔化填充边缘，❷ 可以得到向内收缩的柔化边缘效果。

招式 049 使用平滑

Q 在工具箱的底部有个"平滑"按钮 S，这个工具怎么用，您能教教我吗？

A 可以。使用"平滑"按钮 S，可以使曲线在变柔和的基础上减少曲线整体方向上的突起或其他变化，同时还会减少曲线中的线段数。

1. 选择形状

❶ 在工具箱中选中"选择工具"按钮，
❷ 选择绘制的形状。

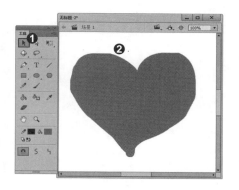

2. 设置形状的平滑

❶ 在工具箱底部单击"平滑"按钮，
❷ 可以对比之前绘制的形状发生的变化。

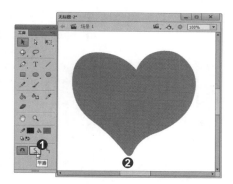

知识拓展

在"平滑"按钮的旁边还有一个"伸直"按钮，❶ 这个按钮能够调整所绘制的任意形状的线条，❷ 该命令在不影响已有的直线情况下，将已经绘制的线条和曲线调整得更直一些，使形状的外观更完美，而且它不影响连接到其他元素的形状。

原始形状

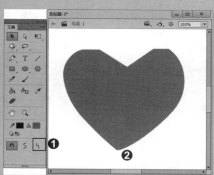

形状的色彩管理

第 4 章

　　色彩在生活中无处不在，色彩绚丽、精美的事物往往更加吸引观众的眼球，使用不同的颜色可以带给观众不一样的视觉感受，这也是 Flash 动画不可或缺的。本章将为大家讲述填充和调整填充等方法。

招式 050 工具箱中的填充颜色

Q 为什么绘制形状之后，想要更改形状的填充颜色却更改不了呢？您能教教我如何使用工具箱中的填充颜色吗？

A 可以。您在使用填充颜色工具时，必须要将需要填充的形状选中。

1. 打开文档

❶ 打开本书配备的"素材\第4章\树叶.fla"项目文件，❷ 在工具箱中选中"选择工具"按钮，选择需要更改颜色的形状区域。

2. 更改填充颜色

选择需要更换的填充区域后，❶ 在工具箱中单击"填充颜色"的色块，弹出拾色器，从中选择需要填充的颜色，❷ 可以随时预览填充颜色的形状效果。

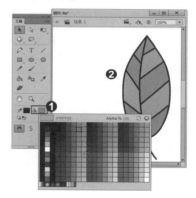

知识拓展

在"填充颜色"的拾色板中除了可以选择颜色外，还可以手动输入色号 #99FF33 ，从色号的位数可以看出 # 号后有六位数值，前两位代表红色，中间两位代表绿色，后两位代表蓝色，色号值从 0 ~ 9、a ~ f；如果色号为 #000000 则为黑色，如果色号为 #ffffff 则为白色。

招式 051 设置填充的透明色

Q 我想绘制一些透明颜色的物体，您能教教我如何设置形状的填充为透明吗？

A 可以，使用"填充颜色"拾色板中的 Alpha 值即可。

1. 打开文档

打开本书配备的"素材\第4章\刷子绘制.fla"项目文件。

2. 选择形状

❶ 在工具箱中选中"选择工具"按钮，❷ 在舞台中选择较小的填充中的鸟形状。

3. 设置形状的不透明度

❶ 选择形状后，在工具箱中单击"填充颜色"按钮，在弹出的拾色器中设置 Alpha% 为 60，❷ 可以设置选择形状的不透明度。

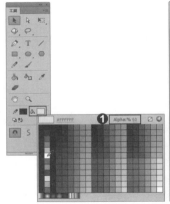

知识拓展

❶ 通过使用"填充颜色"按钮，可以设置形状的无填充效果，❷ 在舞台中绘制形状，可以看到绘制出无填充的边框形状。

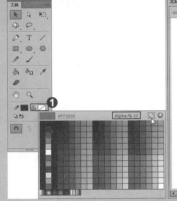

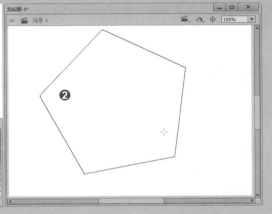

招式 052 使用"属性"面板设置填充

Q 在绘制的过程中我发现"属性"面板中也有"填充颜色"按钮 ，请问与工具箱中的"填充颜色"按钮有没有区别？能不能告诉我"属性"面板中的"填充颜色"按钮 怎么用吗？

A 没区别，使用"属性"面板中的"填充颜色"按钮 与工具箱中的一样，同样需要使用"选择工具"按钮 ▶，选择形状并设置其填充。

1. 打开文档

❶ 打开本书配备的"素材\第4章\红花.fla"项目文件。在工具箱中选择"选择工具"按钮 ▶，❷ 在舞台中选择需要更换颜色的形状。

2. 选择填充颜色

选择形状后，在"属性"面板中单击"填充颜色"按钮 ，在弹出的拾色器中选择需要更换的颜色。

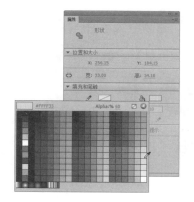

3. 颜色选择器

如果在拾色器中没有需要的颜色，单击 ⬤ 按钮，可以打开"颜色选择器"对话框，从中设置颜色。

4. 调整颜色后的效果

在"颜色选择器"对话框中选择一种颜色后，单击"确定"按钮，可以看到选择的形状更改为选择的颜色。

知识拓展

在替换填充颜色后，如果觉得不满意，想要返回到之前操作的颜色，可以按 Ctrl+Z 快捷键，返回到上一步；也可以单击"填充颜色"按钮，在舞台中的其他相似的颜色上单击拾取颜色，即可填充颜色为吸管拾取的颜色。

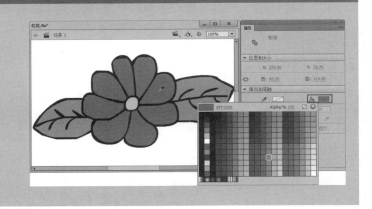

招式 053 填充渐变色

Q 在使用"填充颜色"按钮时可以看到能够填充渐变色，但是如何调整渐变颜色呢，您能教教我吗？

A 可以。使用"颜色"面板可以修改渐变类型的颜色。

1. 选择形状

❶ 继续使用"红花"文档，在工具箱中选中"选择工具"按钮，❷ 在舞台中选择形状。

2. 打开"颜色"面板

❶ 打开"颜色"面板，可以看到颜色面板上方有一个下拉列表框，❷ 展开下拉列表从中可以选择填充为纯色、线性渐变、径向渐变和位图填充。

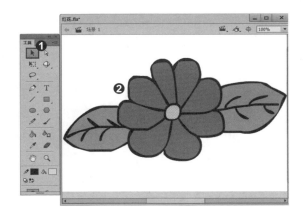

3. 设置渐变

❶ 选择一种渐变类型后，可以看到"颜色"面板底部的色块变为渐变色，选择渐变色左侧的色标，可以设置其色标颜色，❷ 使用同样的方法设置第二个色标的颜色。

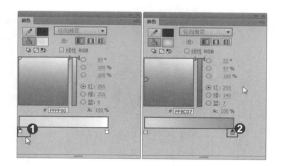

4. 设置渐变后的形状

在设置渐变色的同时，可以在舞台中预览设置的渐变色。

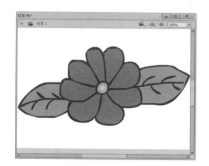

知识拓展

❶ 在"颜色"面板中可以添加色标，只需在色标上单击即可添加色标，❷ 设置对应色标的颜色，❸ 可以在选择的形状上进行预览。

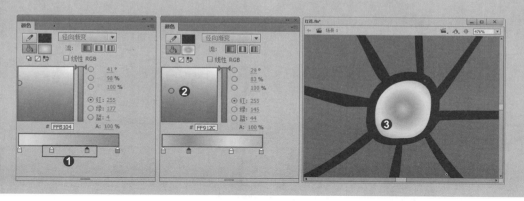

招式 054 使用位图填充

Q 在绘制完形状之后，我想使用已经存储的形状来填充该形状，您能教教我如何填充吗？

A 可以，只需在"颜色"面板中设置填充类型为"位图填充"即可。

1. 打开文档

❶ 打开本书配备的"素材\第4章\鱼.fla"项目文件。在工具箱中选中"选择工具"按钮 ，❷ 在舞台中选择需要更换填充位图的形状。

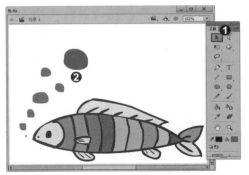

2. 选择"位图填充"选项

在"颜色"面板中单击下拉列表按钮，从弹出的下拉列表中选择"位图填充"选项。

3. 选择位图图像

❶ 选择"位图填充"选项后，在弹出的"导入到库"对话框中打开本书配备的"素材\第4章\位图.png"项目文件，❷ 单击"打开"按钮。

4. 填充的位图图像

❶ 打开位图后，可看到"颜色"面板中会显示位图的缩览图，❷ 在舞台中也可以看到填充位图后的形状。

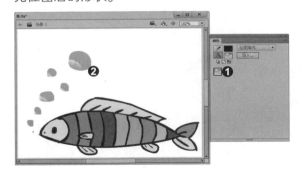

知识拓展

打开位图之后如果发现位图不合适，可以重新导入位图，❶ 或者使用"文件"|"导入"|"导入到库"命令，在弹出的"导入到库"对话框中选择多个位图，单击"打开"按钮。❷ 将多个位图导入到库中，❸ 这时候可以看到"颜色"面板中也出现位图缩览图，可以使用"选择工具"按钮 和"颜色"面板来填充位图。

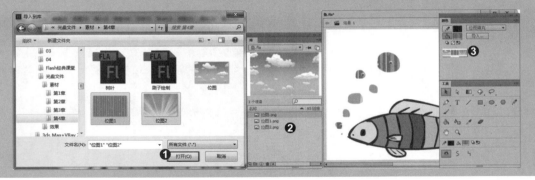

招式 055 使用颜料桶工具

Q "颜料桶工具" 与 "填充颜色" 有没有区别，您能教教我吗？

A 可以。"颜料桶工具" 与 "填充颜色" 都是为形状设置填充的，不同的是 "颜料桶工具" 可以在对象不被选中的情况下对其填充，具体操作如下。

1. 打开文档

打开本书配备的 "素材 \ 第 4 章 \ 瓢虫 .fla" 项目文件，在该项目文件的基础上讲述 "颜料桶工具" 的使用。

2. 设置填充色

在工具箱中单击 "填充颜色" 按钮，在弹出的拾色器中，选择一种合适的颜色即可。

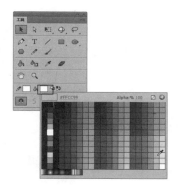

3. 填充颜色

设置填充颜色后，使用 "颜料桶工具" 按钮，在需要更换或填充的位置单击，即可填充颜色。

知识拓展

使用 "颜料桶工具" 按钮 还可以填充形状渐变和位图，只需设置填充颜色即可。

招式 056 不封闭形状的填充

Q 在创建形状时，有时轮廓不封闭，能不能填充上颜色，您能教教我吗？

A 可以。锁定填充即可。

1. 绘制不封闭的形状

❶ 在工具箱中选中"铅笔工具"按钮 ✏，❷ 在舞台中绘制一个不封闭的形状。

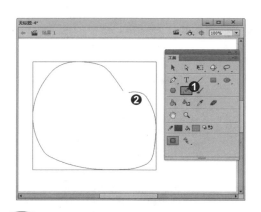

2. 选择封闭大空隙

❶ 在工具箱中选择"颜料桶工具"按钮 🪣，❷ 设置"间隔大小"为"封闭大空隙" ◯，❸ 单击形状，即可进行填充。

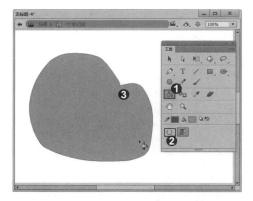

知识拓展

单击"间隔大小"按钮 ◯ 可以弹出一个下拉菜单，从中可以选择需要的类型。

不封闭空隙：颜料桶只对完全封闭的区域填充。

封闭小空隙：颜料桶可以填充完全封闭的区域，也可以对细小空隙的区域进行填充。但对大空隙无效。

封闭中等空隙：颜料桶可以填充完全封闭的区域、有细小空隙的区域、中等大小空隙，但对大空隙区域无效。

封闭大空隙：颜料桶可以填充完全封闭的区域、有细小空隙的区域、中等大小空隙，也可以填充大空隙，不过空隙过大颜料桶也会无效的。

招式 057 使用墨水瓶工具

Q 我想为形状添加描边轮廓，应该使用什么工具或命令呢，您能教教我吗？

A 可以。使用墨水瓶工具即可。

1. 设置笔触颜色

❶ 在工具箱中单击"笔触颜色"按钮 ，
❷ 在弹出的拾色器中选择一个合适的笔触颜色作为描边的颜色。

2. 对形状进行描边

❶ 在工具箱中选中"墨水瓶工具"按钮 。
❷ 在舞台中需要描边的形状上单击，即可对形状进行描边。

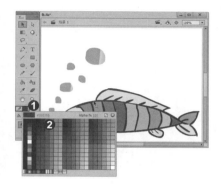

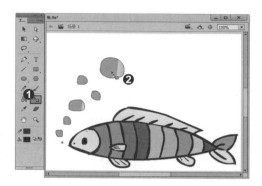

知识拓展

使用墨水瓶工具设置描边效果后，想要更改形状描边的效果，❶ 可以双击形状将其选中，❷ 打开"属性"面板，从中可以为其设置笔触的粗细和样条线样式。

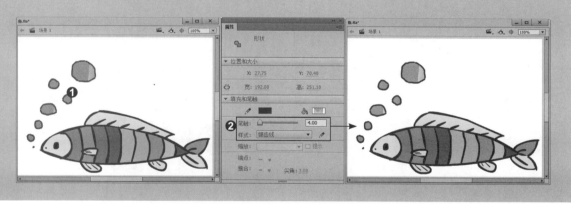

招式 058 使用滴管工具

Q 我想临摹一张位图，想与原始位图的色彩一样，但是颜色总是调不好，您能否教教我该使用什么样的工具可以设置出与原图一样的颜色呢？

A 可以。使用滴管工具即可。

1. 导入位图

❶ 选择菜单栏中的"文件"|"导入"|"导入到舞台"命令，❷ 在弹出的"导入"对话框中选择需要临摹的位图图像。❸ 选择文档后，单击"打开"按钮，打开图像。

2. 吸取颜色

打开的图像在舞台中显示出来，❶ 在工具箱中选中"滴管工具"按钮，❷ 在舞台中位图图像上，单击需要的颜色，填充颜色即为滴管选取的颜色。通过单击吸取需要的颜色进行临摹即可。

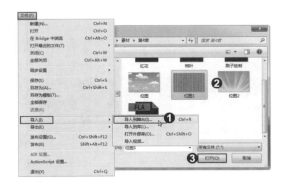

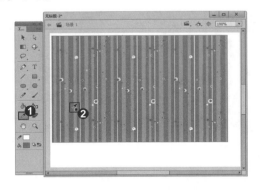

知识拓展

如何使用滴管工具设置笔触颜色呢？❶ 只需在"笔触颜色"按钮上单击，将弹出拾色器，❷ 将鼠标移动到舞台上，可以看到舞台上的鼠标呈现滴管形状，单击需要设置的笔触颜色即可拾取当前颜色作为笔触颜色。

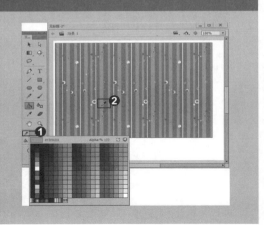

★★★★★ **招式 059** 使用渐变变形工具

Q 填充渐变之后，可以对渐变填充进行修改吗？您能教教我如何修改渐变的位置或大小吗？

A 可以。使用"渐变变形工具"按钮即可实现。

1. 选择工具

❶ 在工具箱中单击"任意变形工具"按钮，❷ 从弹出的下拉列表中可以看到隐藏的工具，从中选择"渐变变形工具"按钮。

2. 选择填充

❶ 选择"渐变变形工具"按钮后，❷ 在舞台中选择需要编辑的渐变填充形状，可以看到渐变变形的编辑工具出现在渐变填充上。

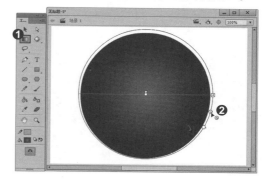

3. 调整变形大小

在形状周围的渐变变形工具中按住 ⊙ 按钮拖动，可以等比例放大或缩小渐变填充。

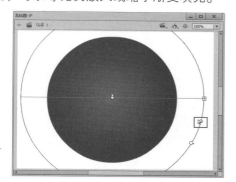

4. 选择填充

在形状周围的渐变变形工具中按住 ▣ 按钮拖动，可以缩放变形填充。

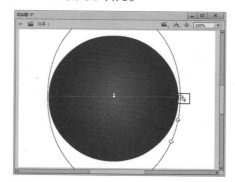

5. 旋转渐变填充

在形状周围的渐变变形工具中按住 ⟳ 按钮拖动，可以旋转渐变填充。

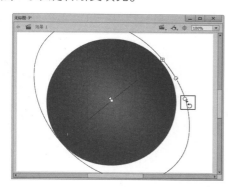

6. 移动渐变填充

在形状周围的渐变变形工具中按住中心点拖动，可以移动渐变填充。

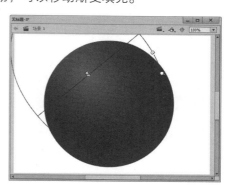

知识拓展

除了填充渐变效果外，还可以 ❶ 选中"渐变变形工具"按钮 ▣ ，❷ 调整位图的填充效果。

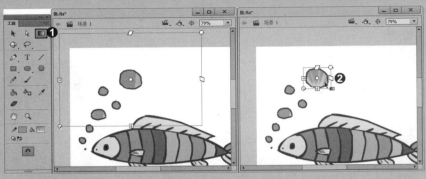

5

第 5 章

探索高级形状的秘密

学习了基础的绘图工具和填充工具之后，下面我们将介绍如何使用各种工具对形状进行编辑和修饰，使形状变得更加生动。

招式 **060** 选择工具的使用

Q 使用工具箱中的"选择工具"按钮 如何选择对象，您能教教我吗？

A 可以。"选择工具"按钮 是使用频率较高的工具之一，其主要用途是选取绘图工作区中的对象。

1. 选择形状

❶ 在工具箱中选中"选择工具"按钮，❷ 在舞台中单击需要选中的形状，边线加粗，表示选中。

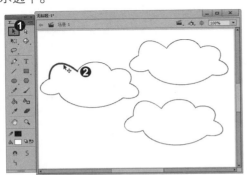

2. 选择整个形状

如果需要选择整个形状，❶ 选中"选择工具"按钮，❷ 在需要选择的形状上双击，即可选中整个形状。

知识拓展

除了上述的点选之外，还可以框选形状。在工具箱中选中"选择工具"按钮，按住鼠标左键并拖动，可以看到拖曳出的选框，在选框中的形状都可以被选中。

招式 **061** 使用选择工具的调整形状

Q 使用"选择工具" 可不可以调整形状，您能教教我吗？

A 可以。使用"选择工具" 可以改变形状。

1. 选择工具

❶ 在工具箱中选中"选择工具"按钮 ⬚，
❷ 在舞台中将鼠标指针放置到形状的边缘上，可以看到鼠标指针呈现↳形状。

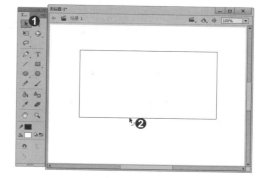

2. 改变线条的弧度

当鼠标指针为↳形状时，按住鼠标左键拖动当前形状，可以修改当前线段为弧形。

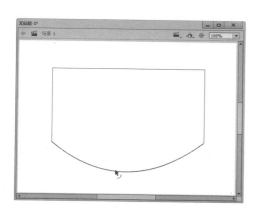

3. 改变线条的长度和角度

当鼠标指针呈现↳形状时，则表示可以改变线条或形状的长度、角度，按住鼠标左键拖动即可实现。

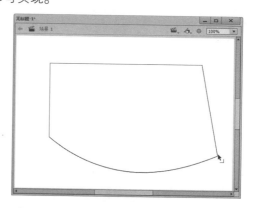

知识拓展

将鼠标指针放置到线条上，当鼠标指针呈现↳形状时，按住 Ctrl 键拖动即可在线条上增加一个新的端点，使线条变为转角。

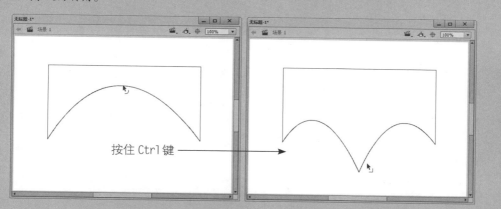

按住 Ctrl 键

招式 062 部分选取工具的使用

Q 以前使用过部分选取工具，但是您能详细讲述一下"部分选取工具" 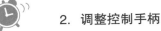的具体使用方法吗？

A 可以。部分选取工具可以对对象进行多角度的修改。

1. 选择部分选取工具

❶ 在工具箱中选中"部分选取工具"按钮 ▶，❷ 在舞台中需要调整的线条上单击，即可将线条选中，并出现几个调整节点。

2. 调整控制手柄

使用部分选取工具选择线段之后，在节点的控制手柄上单击，即可选中控制手柄，通过调整控制手柄可以改变线段的形状。

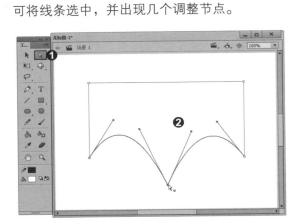

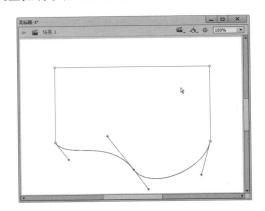

知识拓展

使用"部分选取工具"按钮 ▶，❶ 除了可以调整控制手柄，调整样条线的形状，❷ 还可以选择控制节点，通过对节点进行拖曳，即可调整节点的位置。

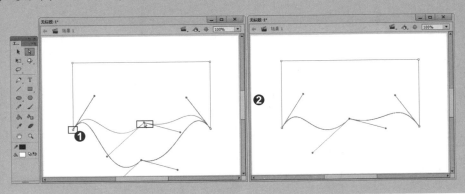

招式 063 套索工具的使用

Q 在工具箱中有一个"套索工具"按钮 ，您能教教我该工具有什么作用吗？应该如何使用？

A 可以。"套索工具"按钮 是一种选取工具，不是经常使用，主要用于处理位图。

1. 打开文档

❶ 打开本书配备的"素材\第 5 章\雪人 .fla"项目文件。在工具箱中选中"套索工具"按钮 ，❷ 在舞台中拖曳鼠标，可以看到绘制出的套索区域。

2. 选择填充颜色

绘制出套索区域后，释放鼠标左键，套索选区中的形状区域将被选中。

知识拓展

❶ 在使用"套索工具"按钮 时，如果想要多部分选取，可以按住 Shift 键，将会创建多个区域；
❷ 按住 Ctrl+Shift 快捷键，可以激活"选择工具"按钮 ，进行加选。

招式 **064** 多边形套索工具的使用

Q "套索工具"🔘与"多边形套索工具"☑有什么区别吗？您能教教我如何使用"多边形套索工具"☑吗？

A 可以。多边形套索工具具有可控制性，可以通过单击创建选区的固定位置，当得到需要的选择区域时，双击鼠标会自动封闭形状选区。

1. 选择工具

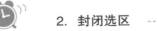

❶ 在工具箱中选中"多边形套索工具"按钮☑，❷ 在舞台中单击确定选区的第一点，继续单击创建选区的第二点第三点。

2. 封闭选区

确定选区后，双击鼠标即可封闭创建的选区。

知识拓展

使用"多边形套索工具"按钮☑创建选区之后，如果想要使用别的选择工具继续在当前选区上加选选区，可以在工具箱中选择任意的选区工具，按住Shift键，加选选区。

招式 **065** 魔术棒工具的使用

Q "魔术棒工具"🪄是怎么使用的呢，为什么在形状上没有作用呢，您能教教我如何使用魔术棒工具吗？

A 可以。魔术棒工具用于对位图的处理。

1. 导入位图

❶ 在菜单栏中选择"文件"|"导入"|"导入到舞台"命令，❷ 在弹出的"导入"对话框中选择需要的位图，单击"打开"按钮。

2. 将位图分离

将位图导入到舞台后，选择位图，在菜单栏中选择"修改"|"分离"命令，将位图分离为形状。

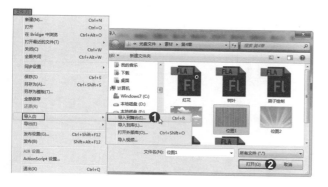

3. 使用魔术棒工具

❶ 在工具箱中选中"魔术棒工具"按钮，❷ 在分离的位图上单击以选择颜色区域。

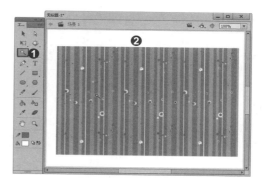

 知识拓展

选中"魔术棒工具"按钮时，在"属性"面板中可以设置"阈值"参数，该值介于 1 ~ 200 之间，用于定义将相邻像素包含在所选区域内必须达到的颜色接近程度。数值越高，包含的颜色范围越广。"平滑"下拉列表框用于定义所选区域的边缘的平滑程度。

阈值为 10 创建的选区　　　　阈值为 50 创建的选区

招式 **066** 全选形状

Q 前面学习了如何使用绘制和选择工具，那么如何全选绘制的形状呢，您能教教我吗？

A 可以。按 Ctrl+A 快捷键结合全选形状，具体的操作步骤如下。

1. 打开文档

打开本书配备的"素材 \ 第 5 章 \ 雪人 .fla"项目文件。在工具箱中选中"选择工具"按钮。

2. 全选形状

在舞台中按 Ctrl+A 快捷键即可全选舞台中的形状。

知识拓展

若要全选形状，还可以在菜单栏中选择"编辑" | "全选"命令，同样也可以全选舞台中的所有对象；如果要取消全选，可以在菜单栏中选择"编辑" | "取消全选"命令，或使用 Ctrl+Shift+A 组合键；最直接的取消全选的方法就是在文档的空白处单击，即可取消当前选择的对象。

招式 **067** 移动形状

Q 在 Flash 中如何移动形状呢，您能教教我吗？

A 可以。使用"选择工具" ▶ 即可。

1. 打开文档

打开本书配备的"素材 \ 第 5 章 \ 卡通灯笼鱼 .fla"项目文件，在打开的文档中可以看到已经绘制的形状。

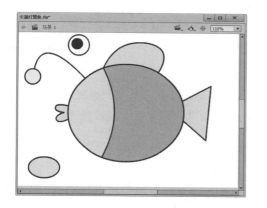

2. 选择眼睛

❶ 在工具箱中选中"选择工具"按钮，❷ 在舞台中按住 Shift 键分别双击白眼珠和黑眼球。

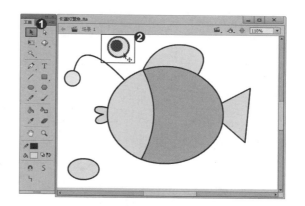

3. 移动眼睛

当鼠标指针显示形状时，按住鼠标左键拖动选择的形状，直到合适的位置，释放鼠标左键即可放置形状到当前位置。

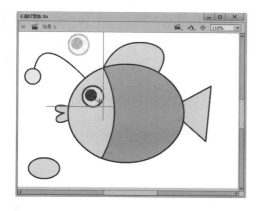

4. 移动鱼鳍

使用"选择工具"按钮，在舞台中选择鱼鳍，并将其放置到合适的位置。

知识拓展

在移动形状或元件时，选中"选择工具"按钮后，可以使用工具箱底部的"贴紧至对象"按钮，以及"视图"菜单中的"贴紧……"命令，来对齐物体、网格以及辅助线等。

招式 068 复制形状

Q 在制作的过程中，经常会对相同的图案进行绘制，在 Flash 中有没有复制功能，您能教教我如何使用 Flash 中的复制功能吗？

A 可以。只需按住 Alt 键移动复制即可。

1. 打开文档

打开本书配备的"素材\第 5 章\卡通螃蟹.fla"项目文件，在打开的文档中可以看到已经绘制的形状，在此文档的基础上将对眼睛进行复制。

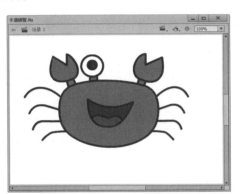

2. 选择填充

❶ 在工具箱中选中"选择工具"按钮 ，
❷ 在舞台中选择需要复制的眼睛图案。

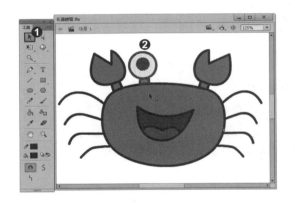

3. 移动复制

选择图案之后，将鼠标指针移动到需要移动复制的图案上，当鼠标指针呈现 形状时，按住 Alt 键移动复制图案。

4. 调整形状

在适当的位置释放鼠标左键，同时松开 Alt 键；使用"选择工具" 调整眼睛的效果。

知识拓展

　　按住 Alt 键移动复制形状时，同时按住 Shift 键可以水平或垂直移动复制图案。如果您当前打开了贴紧，同样可以设置移动复制形状的水平对齐。

招式 069 使用菜单复制对象

 Ｑ 在复制对象时，如果有快捷键冲突的情况，如何对形状进行复制，您能教教我吗？

Ａ 可以。只需选择"复制"命令即可。

1. 选择形状

　　继续上一节的操作，在舞台中框选形状。

2. 选择"复制"命令

　　在菜单栏中选择"编辑"｜"复制"命令，将选择的内容进行复制。

3. 选择"粘贴到当前位置"命令

　　选择"复制"命令后，在菜单栏中选择"编辑"｜"粘贴到当前位置"命令。

4. 粘贴后的效果

选择"粘贴到当前位置"命令后，可以发现并没有什么变化。

5. 移动形状

移动当前处于选择的形状，可以看到在相同的位置出现了两个形状，这就是"粘贴到当前位置"的作用。

知识拓展

选择菜单栏中的"编辑"命令，在弹出的下拉菜单中有"粘贴到中心位置"和"粘贴到当前位置"两个粘贴命令，"粘贴到当前位置"就不再说了，"粘贴到中心位置"就是将对象粘贴到舞台的中心处，例如选择复制的对象处于舞台的一边，使用"粘贴到中心位置"命令后发现粘贴的对象出现在舞台的中心位置。

招式 **070** 剪切对象

 Q 剪切对象如何使用？具体的操作是什么？您能教教我吗？

A 可以。使用"剪切"命令可以将处于选择的对象剪切到剪贴板中，通过使用"粘贴"命令，粘贴到不同的位置或文档，具体操作如下。

1. 选择对象

新建一个文档，并为文档创建一个形状，然后选择该形状。

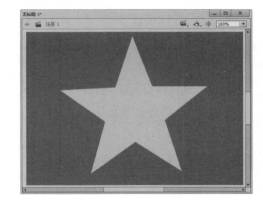

2. 选择"剪切"命令

在菜单栏中选择"编辑"|"剪切"命令，剪切后看到舞台中选择的对象没有了，这时内容被剪切到剪贴板中。

3. 粘贴对象

选择不同的文档，按 Ctrl+V 快捷键可以将剪贴板中的形状粘贴到新的文档中。

知识拓展

另外使用 Ctrl+D 快捷键可以直接对当前选择的对象进行复制和粘贴两种操作。

★★★★★ 招式 071 将形状组合

Q 在选择绘制的形状时逐个地选择太麻烦，能够将形状组合在一起吗，您能教教我吗？

A 可以。只需将需要的形状进行组合即可。

1. 打开文档

打开本书配备的"素材\第 5 章\卡通老奶奶.fla"项目文件，在打开的素材中我们将头部和身体分别进行组合，便于调整。

2. 选择形状

❶ 在工具箱中选中"选择工具"按钮，
❷ 在舞台中选择作为身体的形状。

3. 选择"组合"命令

❶选择形状后,在菜单栏中选择"修改"|"组合"命令,❷可以看到选择的形状组合为一个整体,这样选择时可以选择整个身体。

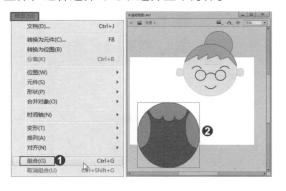

4. 组合形状

使用同样的方法,将头部进行组合,组合头部形状后,调整身体和头部的位置,组合完成形状。

专家提示

组合形状的快捷键是 Ctrl+G,记住常用的快捷键,可以提高制作速度;如果不想将形状组合,可以在菜单栏中选择"修改"|"取消组合"命令,或按 Ctrl+Shift+G 组合键取消组合即可。

知识拓展

如需要编辑组合的形状,可以双击组合的形状,进入"组"编辑窗口,对形状进行编辑,这样可以在不破坏组的前提下,对形状进行编辑;编辑完成后,在舞台的空白处双击,可以退出"组"编辑窗口。

招式 **072** 排列形状

Q 将形状进行组合之后,有时形状的位置会出现错误,您能教我如何对错误的形状进行排列吗?

A 可以。在舞台中绘制多个形状对象时,Flash 会以堆叠的方式显示各个形状对象。这时,想要将下方的形状对象放置到上方,或是将上方的形状对象放置到下方,只需使用"修改"|"排列"命令即可。

1. 打开文档

　　打开本书配备的"素材 \ 第 5 章 \ 排列图像 .fla"项目文件，在打开的项目文件中可以看到组合的形状位置出现错误。

2. 选择形状

　　❶ 在工具箱中选中"选择工具"按钮 ，❷ 在舞台中选择位置错误的组合头像。

3. 选择"上移一层"命令

　　选择头像形状组合后，在菜单栏中选择"修改" | "排列" | "上移一层"命令。

4. 调整形状

　　选择"上移一层"命令后，可以看到头像形状组合调整到身体形状上方的正确位置。

5. 选择"下移一层"命令

　　选择作为影子的形状组合，在菜单栏中选择"修改" | "排列" | "下移一层"命令。

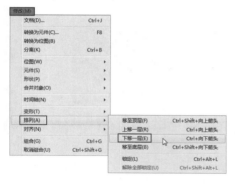

6. 调整形状

　　选择"下移一层"命令后，可以看到影子形状组合调整到身体形状下方的正确位置。

 专家提示

在"排列"菜单中使用"移至顶层"和"移至底层"命令可以将选择的形状移到所有形状的顶层或底层。

知识拓展

在"排列"菜单中使用"锁定"命令，可以将当前的形状锁定，不能对其进行移动和编辑，在进行较为复杂的绘制时可以使用"锁定"命令，来锁定当前不需要编辑的形状，以免对其进行错误的操作。如果想要对锁定的形状进行编辑，可以选择"修改"|"排列"|"解除全部锁定"命令，将锁定的形状解锁。

招式 073 等比例缩放形状

 Q 在舞台中如何对绘制的形状进行等比例缩放，您能教教我吗？

A 可以。使用"任意变形工具"按钮 可以等比例调整对象的大小，具体操作如下。

1. 任意调整形状大小

❶ 运行 Flash 软件，在舞台中新建一个形状，❷ 在工具箱中选中"任意变形工具"按钮 ，选择创建的形状，将鼠标指针放置到控制点上，按住拖动即可调整形状的大小。

2. 等比例缩放形状

在调整形状的时候，将鼠标指针放置到四个边角的任意控制点上，按住 Shift 键拖动鼠标，即可实现等比例缩放形状，也可以按住 Alt+Shift 快捷键实现不同的等比例缩放方式。

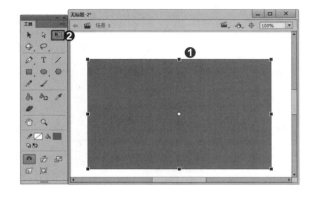

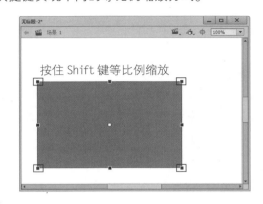

 知识拓展

❶除了使用"任意变形工具"按钮 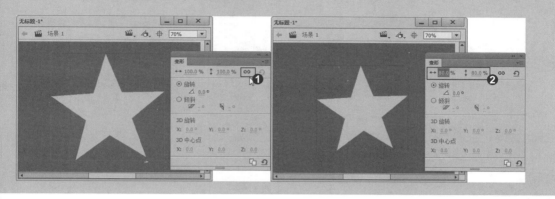 调整形状的大小外，还可以使用"变形"面板中的"约束" 按钮，在"缩放宽度" ↔和"缩放高度" ↕文本框中输入缩放比例，❷通过"缩放宽度" ↔或"缩放高度" ↕即可对当前选择的对象进行等比例缩放。

★★★★
招式 **074** 旋转形状

 Q 如何对舞台中的形状进行旋转，您能教教我吗？

A 可以。使用"任意变形工具"按钮就可以实现旋转效果，具体操作如下。

1. 使用任意变形工具

❶运行 Flash 软件，在舞台中新建一个形状，❷在工具箱中选择"任意变形工具"按钮，将鼠标指针放置到形状的任意边角上，就会出现旋转形状的提示。

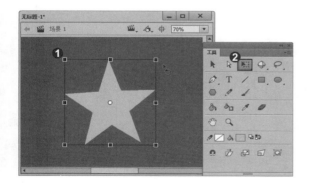

2. 旋转形状

当出现旋转形状的提示时，按住鼠标左键拖动就可以对形状进行旋转了，旋转是根据形状的中心进行旋转的，中心点的位置是可以改变的。

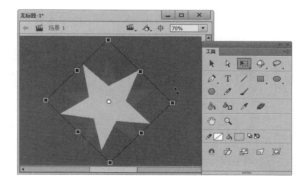

知识拓展

　　如果要精确地旋转形状的角度，可以使用"变形"面板中的"旋转"按钮，从中可以设置精确的旋转参数。

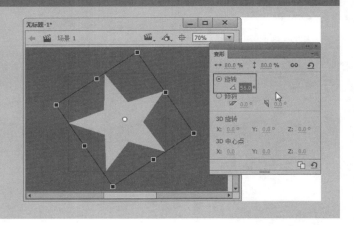

　招式 **075** 任意变形

Q 如何对当前选择的对象进行任意变形，来实现扭曲斜切等操作，您能教教我吗？

A 可以。使用"任意变形工具"按钮就可以实现任意变形的效果，具体操作如下。

1. 对称缩放形状

　　所谓的对称缩放形状就是在水平或垂直方向上对形状进行缩放。如果想要在水平方向对形状进行缩放，那么就将鼠标指针放到形状的左侧或右侧，同时按住 Alt 键进行缩放即可；垂直方向对称缩放的方法与水平方向对称缩放相同。

2. 自由变形

　　自由变形工具很简单，旋转控制点后按住 Ctrl 键拖动控制点即可。自由变形工具可以随意地更改形状和大小。

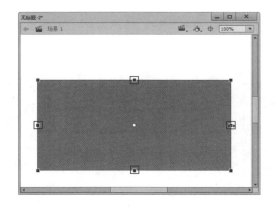

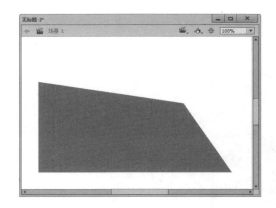

3. 制作透视效果

在形状四角的控制点上按住 Ctrl+Shift 快捷键，这样就可以制作出透视效果。

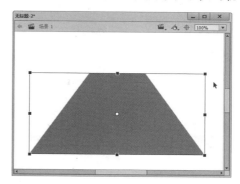

知识拓展

　　除了以上所讲述的调整外，选择"任意变形工具"按钮 后，在工具箱的底部出现"旋转与倾斜"按钮 、"缩放"按钮 、"扭曲"按钮 和"封套"按钮 四种变形模式。

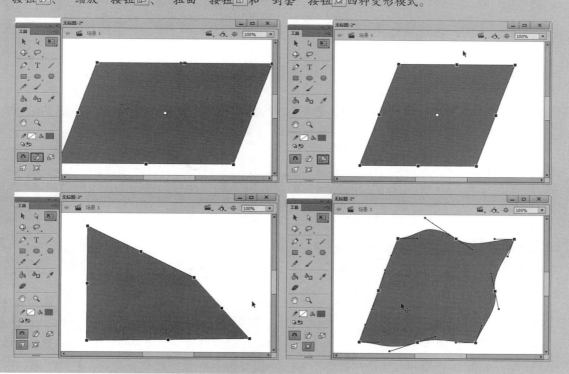

招式 076　菜单栏中的变形

Q 在"修改"菜单栏中有"变形"子菜单，该子菜单中的变形有些在学习"任意变形工具"按钮 时介绍过，可以教教我如何使用其他的变形命令吗？

A 可以。

1. 打开文档

打开本书配备的"素材\第5章\吃豆豆.fla"项目文件，该项目文件中形状是被组合后的，这样便于操作和讲解。

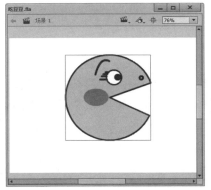

2. 顺时针旋转 90 度

使用"选择工具"按钮 在舞台中选择形状，❶ 在菜单栏中选择"修改"|"变形"|"顺时针旋转 90 度"命令，❷ 可以看到形状在舞台中顺时针旋转了 90 度。

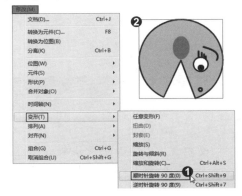

3. 逆时针旋转 90 度

继续上步骤的操作，❶ 在菜单栏中选择"修改"|"变形"|"逆时针旋转 90 度"命令，❷ 可以看到形状在舞台中逆时针旋转了 90 度。

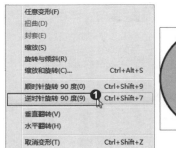

4. 垂直翻转

❶ 在菜单栏中选择"修改"|"变形"|"垂直翻转"命令，❷ 可以看到形状在原有的基础上翻转了过来。

5. 水平翻转

❶ 在菜单栏中选择"修改"|"变形"|"水平翻转"命令，❷ 可以看到形状在舞台中根据原有的状态水平翻转过来。

6. 取消变形

如果翻转到不需要的效果，想要重新调整，可以在菜单栏中选择"修改"|"变形"|"取消变形"命令，即可撤销变形操作。

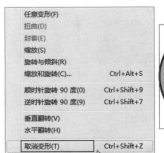

知识拓展

除了使用"任意变形工具"按钮 和"变形"子菜单外，还可以通过"变形"面板来精确调整形状的放大与缩小、旋转和倾斜等变形操作。

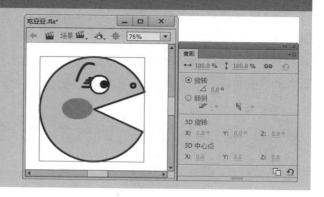

招式 077 使用对齐

 如果在舞台中创建了多个形状，想要将它们朝一个方向进行对齐，您能教教我如何对齐形状吗？

 可以。使用菜单中的"对齐"命令即可。

1. 选择多个形状

运行 Flash 文档，并在舞台中创建多个形状，并将这些形状进行"组合"。

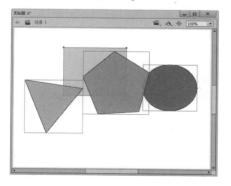

2. 左对齐

在舞台中选择创建的形状，并在菜单栏中选择"修改" | "对齐" | "左对齐"命令。

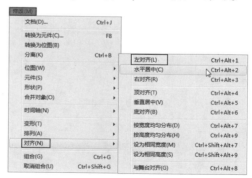

3. 左对齐后的效果

选择"左对齐"命令后，可以看到舞台中的形状将以最左侧的边缘为界进行对齐。

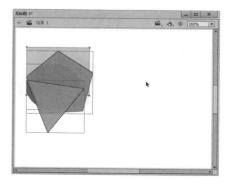

4. 水平居中

按 Ctrl+Z 快捷键，返回到未对齐的状态，❶ 在菜单栏中选择"修改"|"对齐"|"水平居中"命令，❷ 可以看到所有形状都集中对齐到水平的中间位置。

5. 右对齐

按 Ctrl+Z 快捷键，返回到未对齐的状态，❶ 在菜单栏中选择"修改"|"对齐"|"右对齐"命令，❷ 可以看到所有形状都集中对齐到最右侧形状的边缘。

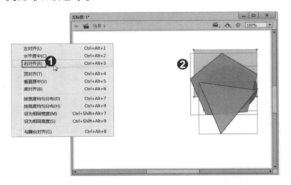

6. 顶对齐

按 Ctrl+Z 快捷键，返回到未对齐的状态，❶ 在菜单栏中选择"修改"|"对齐"|"顶对齐"命令，❷ 可以看到所有形状都集中对齐到形状的最上方边缘。

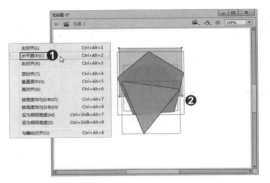

7. 垂直居中

按 Ctrl+Z 快捷键，返回到未对齐的状态，❶ 在菜单栏中选择"修改"|"对齐"|"垂直居中"命令，❷ 可以看到所有形状都集中在形状水平中间的位置。

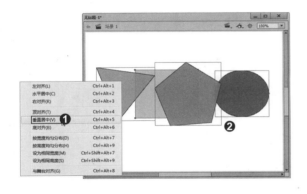

8. 底对齐

按 Ctrl+Z 快捷键，返回到未对齐的状态，❶ 在菜单栏中选择"修改"|"对齐"|"底对齐"命令，❷ 可以看到所有形状都集中对齐到形状的最下方边缘。

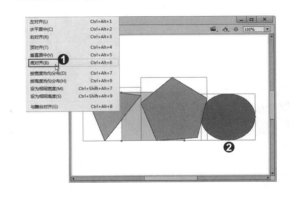

 知识拓展

　　在"对齐"面板中包含了"对齐"命令中的所有命令，在"对齐"面板中可以设置形状的对齐方式。

招式 078 使用分布

Q 如何使用"对齐"命令中的分布操作，您能教教我吗？

A 可以。分布操作主要是以各个形状上下左右轮廓为依据进行分布计算的。比如顶部分布，对齐的依据就是各个形状的顶部之间的位置进行平均分布。

1. 绘制形状

　　运行 Flash 软件，在舞台中绘制三个矩形图元，我们将以这三个矩形图元介绍分布。

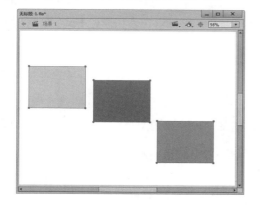

2. 选择"按宽度均匀分布"命令

　　在舞台中选择三个矩形图元，在菜单栏中选择"修改" | "对齐" | "按宽度均匀分布"命令。

3. 按宽度均匀分布效果

　　选择"按宽度均匀分布"命令后，可以看到三个形状中间的间距是相等的。

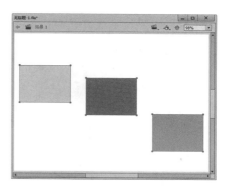

Flash 动画设计实战秘技 250 招

4. 按高度均匀分布

❶在菜单栏中选择"修改"|"对齐"|"按高度均匀分布"命令，❷可以看到舞台中的三个被选中的矩形图元高度被均匀分布了。

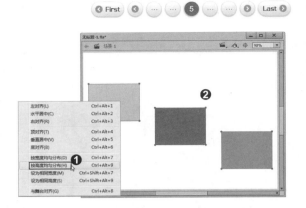

知识拓展

对于菜单栏中的分布来讲，"对齐"面板中的分布命令更加详细，可以设置水平分布和垂直分布。相对菜单来说，"对齐"面板的操作性较为容易，这里读者可以根据习惯，来使用分布达到相应的效果即可。

招式 079 使用匹配大小

Q 在绘制形状的时候能不能使用同样的方法设置其大小为相同的，您能教教我吗？

A 可以。使用匹配大小即可。

1. 选择形状

运行 Flash 软件，在舞台中绘制矩形图元，并将三个矩形图元选中。

2. 选择"设为相同宽度"命令

❶在菜单栏中选择"修改"|"对齐"|"设为相同宽度"命令，❷可以看到在舞台中矩形图元的宽度是相同的。

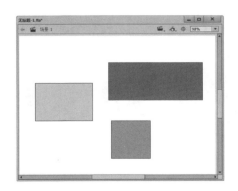

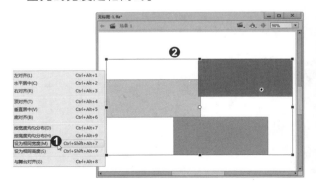

92

3. 调整图元高度

在舞台中调整矩形图元的高度，使其高度
不一样。

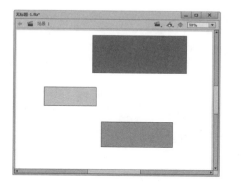

4. 选择"设为相同高度"命令

❶ 在菜单栏中选择"修改"｜"对齐"｜"设
为相同高度"命令，❷ 可以看到在舞台中矩形
图元的高度是相同的。

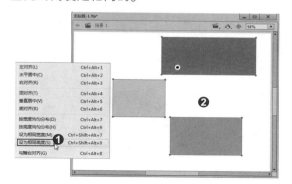

知识拓展

在"对齐"面板中可以看到"匹配大小"选项组中的三个按钮，
可以设置形状的匹配宽度、高度以及同时匹配宽度和高度的三
个按钮。

招式 080 使用间隔

Q 为什么选择形状后，为形状设置间隔，没发现有多大变化呢？您能教教我间隔
的作用是什么吗？

A 可以。使用间隔工具可以使各个对象在垂直或水平方向上的间距相等。

1. 选择形状

运行 Flash 软件，在舞台中绘制形状，使用
"选择工具" 选择形状。

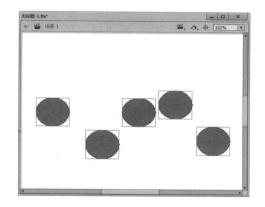

2. 设置垂直平均间隔

选择形状后，❶ 在"对齐"面板中单击"垂直平均间隔"按钮 ⬚，❷ 选择的形状在垂直方向上间隔相等。

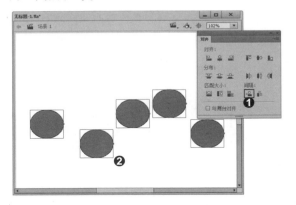

3. 设置水平平均间隔

❶ 继续在"对齐"面板中单击"水平平均间隔"按钮 ⬚，❷ 这样可以使选择的形状在水平方向上间隔相等。

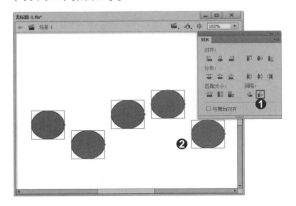

知识拓展

在"对齐"面板中可以看到"与舞台对齐"复选框，当选中该复选框时，调整形状的位置时将以整个舞台为标准，使形状相对于舞台左对齐、右对齐或居中对齐等；若没有选中该复选框，形状对齐时是以各形状的相对位置为标准。

招式 081 删除多余的对象

Q 在绘制形状的过程中如何将多余的形状或线条删除呢，您能教教我吗？

A 可以。

1. 选择形状

在绘制形状的过程中难免会遇到需要删除的形状或线条。要想删除该形状或线条，必须在舞台中选择需要删除的对象。

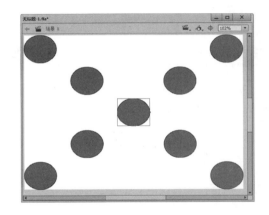

2. 选择"清除"命令 🕐

选择形状后，❶ 在菜单栏中选择"编辑" |"清除"命令，❷ 选择的对象被删除了。

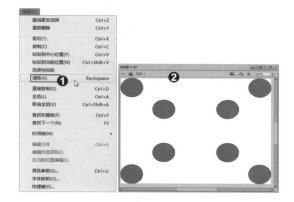

 知识拓展

在绘制形状过程中最快速的删除方法就是使用快捷键，可以看到"清除"命令后有对应的快捷键 Backspace，另外系统中的 Delete 键也可以起到删除的作用。

★★★★★ 招式 082 使用联合

Q 在"修改"菜单的"合并对象"子菜单中有一个"联合"命令，请问"联合"命令和"组合"命令有什么区别吗？

A 有。"联合"命令可以将两个或多个形状合成单个形状，合成之后可以对联合后的形状进行修改；而"组合"命令则不能同时进行修改，必须双击组合，进入组合窗口中对其进行单独的编辑。

1. 打开文档 🕐

打开本书配备的"素材 \ 第 5 章 \ 吃豆豆联合 .fla"项目文件。

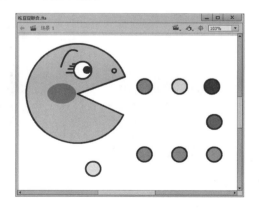

2. 选择形状 🕐

❶ 在工具箱中选中"选择工具"按钮 ，❷ 在舞台中选择形状。

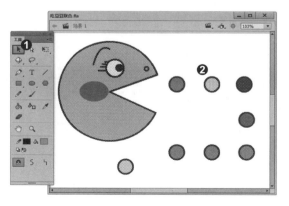

3. 选择"联合"命令

在菜单栏中选择"修改"|"合并对象"|"联合"命令。

4. 修改联合后的形状

联合形状后可以看到形状为一个整体，这时可以对形状进行修改，例如，❶ 选中"橡皮擦工具"按钮，❷ 可以对联合的形状进行编辑。

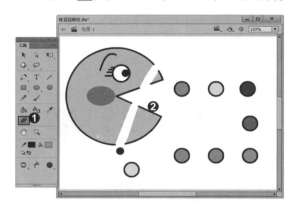

知识拓展

如果对联合的形状不满意，还可以使用"修改"菜单中的"分离"命令，将形状分离并重新对形状进行联合，分离形状的快捷键是 Ctrl+B。

招式 **083** 使用交集

Q 我绘制了两个形状，但是想只留下相交的区域，有什么好办法吗？

A 有。使用"交集"命令即可。

1. 绘制形状

运行 Flash 软件，在舞台中绘制基本形状，并使用"联合"命令将需要使用"交集"的形状先联合在一起。

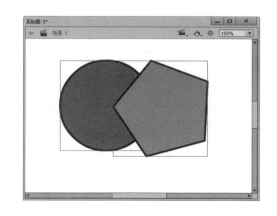

2. 选择"交集"命令

选中"选择工具"按钮 ，在舞台中选择分别联合后的两个形状，❶ 在菜单栏中选择"修改"|"合并对象"|"交集"命令，❷ 可以看到舞台中得到两个对象交集的区域。

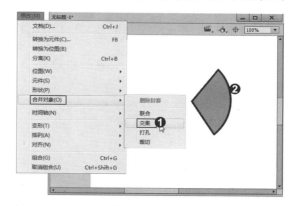

知识拓展

除了将基本形状进行联合之外，还可以在创建基本图层之前 ❶ 单击工具箱中的"对象绘制"按钮 ，在舞台中绘制基本形状时会自动创建为一体的对象，❷ 然后即可对其运用"交集"命令，得到交集的区域。

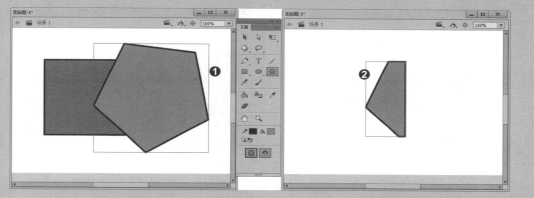

招式 084　使用打孔

 Q "交集"命令和"打孔"命令一样吗，您能教教我如何使用"打孔"命令吗？

A 可以。"打孔"命令可以删除所选对象的某些部分，而这些部分是与所选对象排列有关，"打孔"是通过上一层的形状修剪下一层的形状。

1. 创建对象

在工具箱中选中"对象绘制"按钮 ，在舞台中绘制对象。

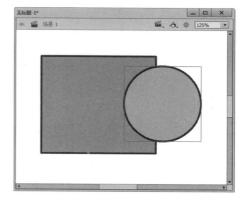

2. 选择对象

❶ 选中"选择工具"按钮，❷ 在舞台中选择需要打孔的两个对象。

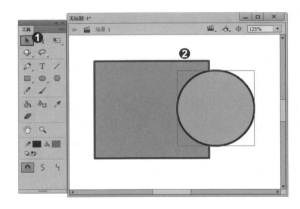

3. 选择"打孔"命令

❶ 在菜单栏中选择"修改"|"合并对象"|"打孔"命令，❷ 得到打孔的对象。

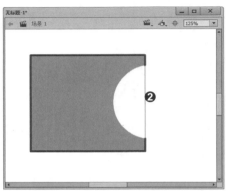

知识拓展

❶ 在菜单栏中可以看到"修改"菜单的"合并对象"子菜单中有"裁切"命令，该命令可以使用某一对象的形状裁剪另一对象，与"打孔"命令相反，❷"裁切"是通过下一层的形状修剪上一层的形状。

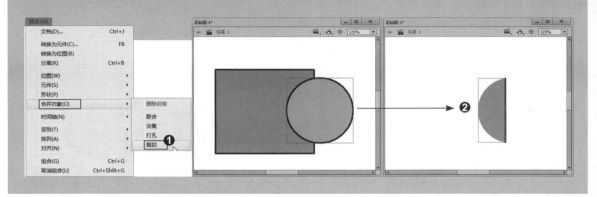

招式 085　使用 3D 旋转工具

Q 为什么 3D 旋转工具不能使用在形状上呢，您能告诉我如何使用"3D 旋转工具"按钮 吗？

A 可以。这里需要注意的是，3D 旋转工具只能对影片剪辑元件发生作用。

1. 打开文档

打开本书配备的"素材\第 5 章\3D 旋转 .fla"项目文件，❶ 在该项目文件中打开"库"面板，❷ 从中将影片剪辑元件拖曳到舞台中。

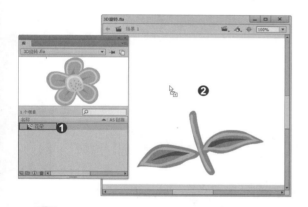

2. 旋转

❶ 在工具箱中选中 "3D 旋转工具" 按钮 ，❷ 在舞台中选择影片剪辑元件，可以看到元件中央会出现一个类似瞄准镜镜头的形状，十字的外围是两个圈，按住鼠标左键会出现轴线的名称，拖动鼠标即可旋转元件。

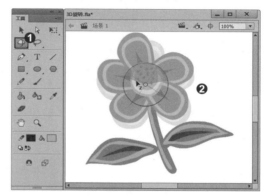

知识拓展

❶ 在工具箱中选择 "3D 平移工具" 按钮 入，选择需要平移的影片剪辑元件，❷ 这时元件中央会出现一个坐标轴，绿色为 Y 轴、红色为 X 轴，当光标移动到中间的黑色圆点时，鼠标右下角又出现 Z 字样，则表示为 Z 轴，按住鼠标左键不放进行拖动，效果如下图所示。

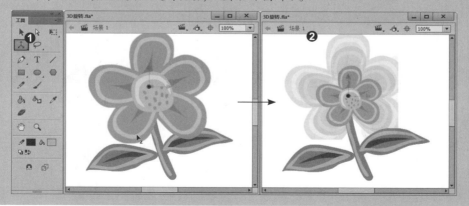

招式 086 以轮廓预览形状

Q 在 Flash 中能不能将绘制的形状以轮廓的方式显示？

A 可以。

1. 选择"轮廓"命令

可以继续使用上一个案例中的小花素材，在菜单栏中选择"视图"|"预览模式"|"轮廓"命令。

2. 以轮廓显示的形状

设置预览模式为"轮廓"后，形状将以轮廓的方式显示。

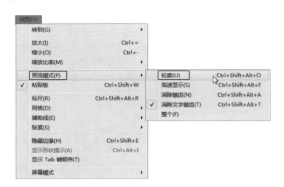

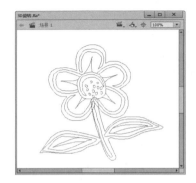

知识拓展

当形状以轮廓方式显示时，要想返回到真实的效果，这里需要注意不能使用 Ctrl+Z 快捷键来撤销"轮廓"命令，需要在"视图"菜单的"预览模式"子菜单中进行操作，取消"轮廓"前的勾选即可返回到真实的显示效果。

招式 087 高速显示形状

Q 在绘制较大的形状时，电脑会有点卡，有什么办法可以解决吗？

A 有。可以使用"高速显示"命令高速显示文档。

1. 选择"高速显示"命令

可以继续使用上一个案例中的小花素材，在菜单栏中选择"视图"|"预览模式"|"高速显示"命令。

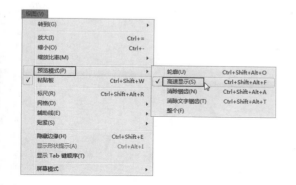

2. 高速显示文档

设置预览模式为"高速显示"后，舞台中的形状将会出现较多的锯齿边缘，这样显示能减少计算机的负担，可以较快地显示和操作。

知识拓展

如果需要预览最终效果，可以选择"视图"|"预览模式"|"消除锯齿"命令，即可看到流畅的边缘。

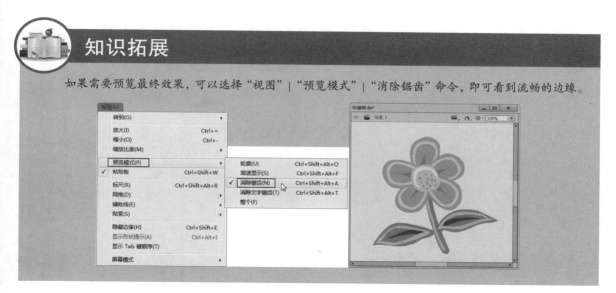

6

第 6 章

文字的创建与编辑

　　本章介绍文字的创建与编辑，文字是人们表达意图最为直接的一种方式，它能够快速地翻译出图片中所蕴含的信息、表达的意义。文字在 Flash 动画的制作过程中起着至关重要的作用，在动画中使用文字加以说明可以达到图文并茂的效果，更好地引导观众理解动画影片的含义。

招式 088 标签文本输入方式

Q 在 Flash 的制作过程中如何为当前的文档创建文本，您能教教我吗？

A 可以。普通的文本输入方式为标签文本输入方式，使用"文本工具" ，在舞台中单击即可输入文本。

1. 选中"文本工具"按钮

运行 Flash 软件，并新建一个文档，❶ 在工具箱中选中"文本工具"按钮 T，❷ 在舞台中空白区域单击，出现一个右上角带有小圆圈的文本框。

2. 输入文本

用户可以直接在文本框中输入文本，这便是标签输入方式。

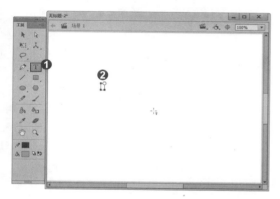

知识拓展

❶ 标签输入方式可以随着用户输入文本的增多而自动横向延长，拖动小圆圈可增加文本的长度，❷ 按 Enter 键则可纵向增加行数。

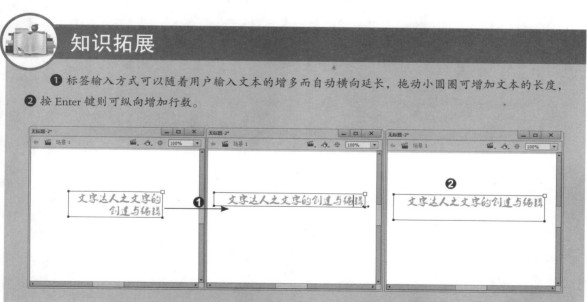

招式 089 文本块输入方式

 文本的输入方式除了标签输入文本之外，还有哪种输入文本的方式，您能教教我吗？

 可以。除了标签输入文本方式外，还可以拖曳文本框进行文本块的输入。

1. 拖动文本框

❶ 在工具箱中选中"文本工具"按钮 T，❷ 在舞台中按住鼠标左键不放，横向拖曳到一定位置释放鼠标，就会出现文本框。

2. 输入文本

在文本框中输入文本时，其文本框的宽度是固定的，不会因为输入的增多而横向延伸，但是文本框会自动换行。

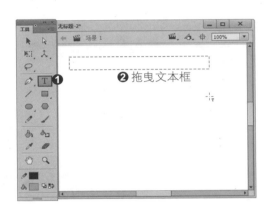

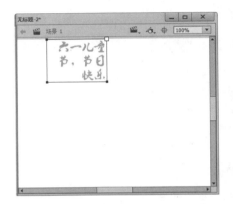

知识拓展

在文本的输入过程中，标签输入方式和文本块输入方式可自由变换。❶ 当处于标签输入方式时要转换成文本块输入方式，可通过左右拖曳矩形框来达到转换的目的。❷ 如果处于文本块输入方式时要转换成标签输入方式，用户可以双击正方形文本输入框切换到标签输入方式。

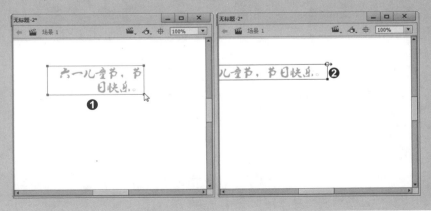

★ ★ ★ ★ ★
招 式 **090** 修改字形

Q 我想在文字的基础上调整一些海报字体的效果，您能教教我如何修改字体的字形吗？

A 可以。只需将文本分离并重新调整即可。

1. 创建文本

运行 Flash CC 软件，在舞台中创建文本，❶ 在工具箱中选中"选择工具"按钮▣，❷ 在舞台中选择文本。

2. 分离文本

❶ 在菜单栏中选择"修改"|"分离"命令，❷ 将行文本分离为单独的文本。

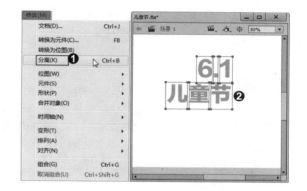

3. 调整文本大小

在工具箱中选中"选择工具"按钮▣，在舞台中调整文本的位置，并❶ 选中"任意变形工具"按钮▣，❷ 在舞台中调整文本的大小。

4. 分离为形状

调整文本的位置后，继续❶ 在菜单栏中选择"修改"|"分离"命令，❷ 将行文本分离为形状。

5. 调整形状

文本分离为形状之后，可以使用"选择工具"按钮 ，对文本形状进行调整，调整至需要的效果。

知识拓展

将文本分离之后，Flash 没有提供任何将矢量文本转换为最初文本的命令，但是可以通过多次按 Ctrl+Z 快捷键，返回到前面的操作，直到返回到文本状态位置。

招式 091 设置文本方向

Q 在输入文本之后，在哪里可以更改文本的方向，您能教教我吗？

A 可以。在"属性"面板中即可改变文本的方向。

1. 打开文档

❶ 打开本书配备的"素材\第 6 章\文本方向.fla"项目文件，❷ 在打开的文档中可以看到输入的文本，将其选中。

2. 选中"垂直"命令

❶ 选中文本后，在"属性"面板中单击"改变文本方向"按钮 ，在弹出的下拉菜单中选择"垂直"命令，❷ 可以在舞台中预览垂直排列的文本。

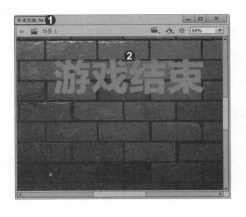

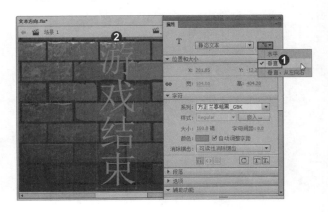

知识拓展

在"改变文本方向"按钮 的下拉菜单中有一个"垂直，从左向右"命令，这时我们可以在当前的舞台中按 Enter 键，并输入"重新开始"，选择文本，❶ 设置文本的类型为"垂直"，可以看到文本的段排列是从右向左；❷ 继续单击"改变文本方向"按钮 ，在弹出的下拉菜单中选择"垂直，从左向右"命令，可以看到文本的段排列为从左向右的排列。

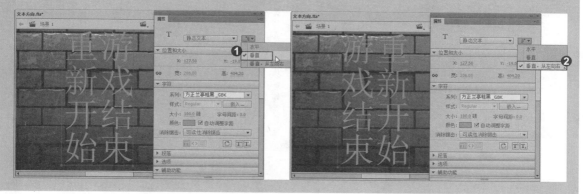

招式 **092** 设置文本位置和大小

Q 在舞台中选择文本之后，在"属性"面板中有"位置和大小"卷展栏，为什么调整"宽"和"高"后文本大小没有变化，您能教教我"位置和大小"的作用吗？

A 可以。因为"属性"面板中的"大小"主要是针对文本框的大小，所以对文本字体的大小没有作用。

1. 查看文本当前位置

❶ 创建或使用之前的文档，在舞台中选中文本，❷ 在"属性"面板中可以看到"位置和大小"中的 X、Y 轴位置参数。

2. 调整文本的位置

❶ 将舞台中的背景删除，设置"位置和大小"中的 X、Y 轴参数均为 0，❷ 可以看到文本在水平位置和垂直位置相对舞台来说产生了左上对齐的效果。

3. 设置 X 位置

❶ 在"位置和大小"卷展栏中设置 X 轴参数为 70，❷ 可以看到文本在水平方向上移动到对应的位置。

4. 设置 Y 位置

❶ 在"位置和大小"卷展栏中设置 Y 轴参数为 50，❷ 可以看到文本在垂直方向上移动到对应的位置。

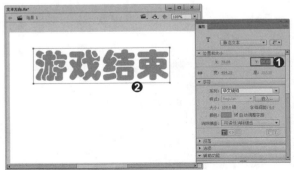

5. 调整文本框大小

在"位置和大小"卷展栏中，❶"宽"和"高"是调整文本框大小的，在文本框中输入合适的参数。❷ 可以看到文本框的大小发生了改变。

知识拓展

❶ 调整文本的位置可以通过"选择工具"按钮 ▶ 来完成，❷ 可以实时观察"属性"面板中的 X、Y 轴参数，但对于精确位置的调整，还是要使用"属性"面板。

招式 093 设置字符属性

Q 创建文本之后怎样改变字体、大小以及颜色，您能教教我吗?

A 可以。

1. 创建文本

❶ 打开或创建一个文档，在舞台中输入文本，❷ 打开"属性"面板，在"字符"卷展栏中可以设置字体的"系列""大小""颜色"和"消除锯齿"。

2. 选择字体

在"字符"卷展栏中单击"系列"后的下拉按钮，弹出字体列表，从中可以选择需要的字体。

3. 设置字体大小

❶ 在"字符"卷展栏中设置"大小"为70磅，❷ 可以看到舞台中的字体变小了，可以根据需要来设置合适的字体大小。

4. 设置字间距

❶ 设置"字符"卷展栏中的"字母间距"参数，❷ 可以调整字符之间的间距。

专家提示

在菜单栏中的"文本"菜单中也可以设置文本的字体、大小、样式和间距等。

5. 设置文本的颜色

在"字符"卷展栏中单击"颜色"按钮，在弹出的拾色器中选择一种合适的字体颜色即可设置文本的颜色。

专家提示

文本的颜色可以通过填充颜色来设置。

知识拓展

如果您想要添加更多的字体，可以在网络上下载字体，下载之后，❶ 打开控制面板，从中找到"字体"文件，❷ 打开"字体"文件夹，❸ 将下载的字体文件打开，选择需要安装的字体，按 Ctrl+C 快捷键复制字体，并切换到"字体"文件夹，❹ 按 Ctrl+V 快捷键，将下载的字体粘贴到"字体"文件夹中。这样即可安装下载的字体。

专家提示

安装字体后需重新启动 Flash 软件才可以应用安装的字体。

★★★★★
招式 **094** 设置上下标字体

Q 创建文本时，如何将文本设置为上下标，您能教教我吗？

A 可以。

1. 输入文本

在舞台中输入文本，并选择要设置为上标的文字。

2. 打开"属性"面板

选择文字后，在"属性"面板的"字符"卷展栏底端，单击"可选"按钮，将其后面的上标和下标按钮激活。

3. 设置上标

确定需要设置上标的文字处于选择状态，❶ 单击"上标"按钮，❷ 可以看到设置的上标文本效果。

4. 设置下标

下标的设置与上标的设置方法相同，首先要确定选择文字，❶ 单击"下标"按钮，❷ 可以看到设置的下标文本效果。

知识拓展

除了设置上下标样式，另外还可以通过"分离"命令，然后使用"任意变形工具"按钮来调整文本的大小，并设置文本的上下标效果。

招式 095 设置文本的对齐

Q 在 Flash 中输入多段文字后，如何为其设置对齐方式，您能教教我吗？

A 可以。使用"属性"面板中"段落"卷展栏中的"格式"参数可以设置文本的对齐方式。具体操作如下。

1. 打开文档

打开本书配备的"素材\第6章\静夜思.fla"项目文件，在打开的文档中可以看到输入的多行文本，该文本的默认对齐方式为"左对齐"。

2. 设置居中对齐

❶ 使用"选择工具"按钮，在舞台中选择文本框，❷ 在"属性"面板中展开"段落"卷展栏，设置其对齐方式为"居中对齐"。

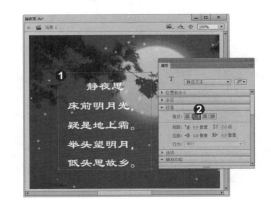

3. 设置右对齐

❶ 使用"选择工具"按钮，在舞台中选择文本框，❷ 在"属性"面板中展开"段落"卷展栏，设置其对齐方式为"右对齐"。

4. 设置间距和边距

其他的对齐方式用户可以根据需要进行设置，在"段落"卷展栏中可以设置"间距"和"边距"参数，并且可以在舞台中实时预览。

知识拓展

　　在菜单栏中选择"文本" | "对齐"命令，在弹出的子菜单中可以看到文本的四种对齐方式，用户可以根据情况进行使用。

文本(T)		
字体(F)	▶	
大小(S)	▶	
样式(Y)	▶	
对齐(A)	▶	左对齐(L)　　Ctrl+Shift+L
字母间距(L)	▶	✓ 居中对齐(C)　Ctrl+Shift+C
可滚动(R)		右对齐(R)　　Ctrl+Shift+R
字体嵌入(E)...		两端对齐(J)　Ctrl+Shift+J

招式 096　设置文字边缘

Q 创建文本后可以为其设置边缘吗，您能教教我吗？

A 可以。需要将文本打散，然后使用"墨水瓶工具"按钮 来填充文字边缘。

1. 打开文档

　　打开本书配备的"素材 \ 第 6 章 \ 文字边缘 .fla"项目文件，在舞台中使用"选择工具"按钮 选择文本。

2. 分离文本

　　选择文本后，按 Ctrl+B 快捷键，执行分离命令，将文本分离为形状。

3. 填充边缘

　　将文字拆分为形状后，❶ 在工具箱中选中"墨水瓶工具"按钮 ，❷ 在舞台中为分离后的文本填充边缘。

4. 设置样式和笔触

　　使用"选择工具"按钮，在舞台中选择所有填充后的边缘，❶ 在"属性"面板中可以为其设置合适的样式和笔触以及颜色，❷ 在舞台中可以看到设置的效果。

知识拓展

　　分离文本后除了可以为其设置边缘，还可以重新填充颜色，或删除某处形状，重新添入新形状。

招式 097 显示文本边框

Q 我想要文本显示文本边框，在哪里可以设置，您能教教我吗？

A 可以。但是需要将文本类型设置为"动态文本"或"输入文本"才可以设置。

1. 打开文档

　　打开本书配备的"素材\第6章\边框.fla"项目文件，使用"选择工具"按钮，在舞台中选择文本。

第 6 章　文字的创建与编辑

2. 显示文本边框

❶ 在"属性"面板中单击"在文本周围显示边框"按钮▦，❷ 可以看到舞台中的文本显示了边框。

知识拓展

想要得到更多样式的边框作为文本的边框背景，❶ 可以创建形状，对形状进行调整，❷ 在作为文本框的位置创建文本，设置合适的字体和大小，即可得到更加丰富的文本边框效果。

★★★★★ 招式 098　为文本设置链接

Q 在 Flash 中能否为文本设置链接，您能教教我如何设置文本链接吗？

A 可以。

1. 打开文档

打开本书配备的"素材\第 6 章\卡通桌面.fla"项目文件。

2. 设置链接

❶ 使用"选择工具"按钮，在舞台中选择文本，❷ 在"选项"卷展栏中输入链接的地址，设置"目标"为"_blank"。

专家提示

Flash CC 提供了 4 个选项：_blank、_parent、_self 和 _top。_blank 将被链接文档载入到新的未命名浏览器窗口中；_parent 将被链接文档载入到父框架集或包含该链接的框架窗口中；_self 将被链接文档载入与该链接相同的框架或窗口中；_top 将被链接文档载入到整个浏览器窗口中并删除所有框架。

3. 输出影片

❶ 将文档保存，按 Ctrl+Enter 快捷键输出影片，当鼠标指针指向超链接的文本时，鼠标指针会变为手形，单击文本后，❷ 会弹出 360 壁纸网页。

知识拓展

除了链接网址外，还可以链接到当前计算机中的任意文档，并且以网页的形式显示，例如，❶ 链接一张图像，输入链接的位置，设置"目标"为 _parent，将文档存储，按 Ctrl+Enter 快捷键输出影片，当鼠标指针指向超链接的文本时，鼠标指针会变为手形，单击文本后，❷ 会弹出指定为链接的图像。

招式 099 文本对象的编辑

Q 您能教教我如何快速地编辑和调整文本，直至合适的效果吗？

A 可以。文本对象的编辑非常简单，下面我们将讲述文本对象编辑的具体操作。

1. 打开文档

打开本书配备的"素材 \ 第 6 章 \ 爱心桌面 .fla"项目文件。

2. 输入文本

❶ 在工具箱中选中"文本工具"按钮 ，❷ 在舞台中输入文本。

3. 调整字体

❶ 选择文本，❷ 在"属性"面板的"字符"卷展栏中设置字体的"系列""大小"和"颜色"。

4. 移动文本

❶ 选中"选择工具"按钮 ，在舞台中选择文本，❷ 当鼠标指针呈 形状时，将文本框移动到合适的位置。

5. 激活文本框

继续上一步的操作，如需编辑文本框中的部分文字，可以选中"选择工具"按钮 ▶，双击输入的文本，文本变为可编辑状态，在文本框中需要转到下行的文本处单击，并按 Enter 键。

6. 设置对齐

继续上一步的操作，❶ 将光标放置到需要设置对齐的段落中，在"段落"卷展栏中，单击"格式"右侧的"右对齐"按钮 ▣。❷ 在舞台中可以看到对齐后的文本效果。

知识拓展

除了可以编辑文本的字体、颜色、字号、样式等属性，还可以对文字进行删除、剪切、复制和粘贴等操作。

删除文本：选择要删除的文字，按 Delete 键或 BackSpace 键。

复制文本：选择要复制的文字，按 Ctrl+C 快捷键或执行"编辑"|"复制"菜单命令。

粘贴文本：选择要粘贴的文字处，按 Ctrl+Shift+V 组合键或执行"编辑"|"粘贴到当前位置"菜单命令。

剪切文本：选择要剪切的文字，按 Ctrl+X 快捷键或执行"编辑"|"剪切"菜单命令。

专家提示

要退出文本编辑状态，单击除文本以外的其他地方即可。

招式 **100** 打散文本

Q 创建文本之后可以将文本转换为形状吗，您能教教我吗？

A 可以。使用菜单中的"分离"命令即可。

1. 创建文本

❶ 在工具箱中选中"文本工具"按钮 T，❷ 在舞台中输入文本，并设置文本合适的属性。

2. 分离文本

选择文本，❶ 在菜单栏中选择"修改"|"分离"命令，❷ 分离文本为单独的文本框。

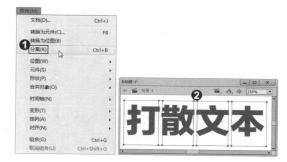

3. 分离为形状

分离文本为单独的文本框之后，❶ 可以再次选择"修改"|"分离"命令，将文本分离为形状，❷ 分离为形状之后可以对形状进行调整，这里就不再详细介绍了。

知识拓展

想要将文本转换为形状可以按两次 Ctrl+B 快捷键，快速地分离文本为形状，分离为形状后的文本可以使用形状的各种功能，制作出想要的效果。

招式 101 变形文字

Q 使用文本工具可以制作波浪字吗，您能教教我如何调整文本的变形吗？

A 可以。首先需要将文本分离为形状，然后使用"封套"命令调整出变形的效果。

1. 打开文档

打开本书配备的"素材\第6章\变形文本 .fla"项目文件。

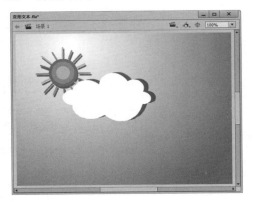

2. 设置文本属性

在工具箱中选中"文本工具"按钮 T，在舞台中输入文本，并设置文本合适的属性。

3. 分离文本

选择文本，在菜单栏中选择"修改"|"分离"命令，或直接按 Ctrl+B 快捷键分离文本为单独的文本框。

4. 分离文本为形状

分离文本为单独的文本框后，此时仍不可对其进行变形，继续按 Ctrl+B 快捷键，分离文本为形状。

5. 调整变形

文本分离为形状后，在菜单栏中选择"修改"|"变形"|"封套"命令，拖动封套的控制柄，即可调整出合适的文本变形效果。

6. 复制并调整文本效果

　　调整变形后填充形状为灰色，按 Ctrl+G 快捷键组合形状。按 Ctrl+D 快捷键，复制形状组合，调整形状的位置，填充复制出的形状颜色为白色，这样变形文字就制作完成。

知识拓展

　　使用变形工具还可以制作文字的透视效果，首先，❶ 打开本书配备的"素材＼第 6 章＼透视文字.fla"项目文件，❷ 在打开的文档中选中"文本工具"按钮 T，在舞台中输入文本，按两次 Ctrl+B 快捷键，分离文本为形状。❸ 在工具箱中选择"任意变形工具"按钮，单击工具箱底部的"扭曲"按钮，❹ 在舞台中调整文字的扭曲，调整形状后，填充文本颜色并设置其轮廓。

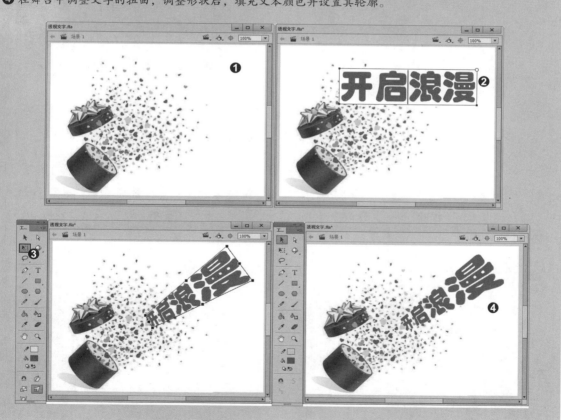

★★★★★
招式 **102** 制作立体字

Q 如何使用文本工具制作立体字效果，您能教教我吗？

A 可以。首先需要将文本分离为形状，然后对形状进行调整，具体的操作步骤如下。

1. 打开文档

打开本书配备的"素材\第6章\立体字.fla"项目文件。

2. 创建文本

使用"文本工具"按钮 T，在舞台中创建文本，这里可以创建自己需要的文本。

3. 填充轮廓

选择文本，按两次 Ctrl+B 快捷键，将文本分离为形状，❶ 在工具箱中选中"墨水瓶工具"按钮，设置合适的笔触颜色，❷ 将舞台中文本形状填充轮廓。

4. 删除填充

在工具箱中选中"选择工具"按钮，在舞台中选择文本的填充形状，并按 Delete 键，这时可删除填充的形状，只留下轮廓。

5. 复制轮廓

　　使用"选择工具"按钮，在舞台中选择轮廓，按 Ctrl+D 快捷键复制轮廓，并调整轮廓到合适的位置。

6. 连接轮廓

　　使用"线条工具"按钮或"钢笔工具"按钮，将两个轮廓进行连接。

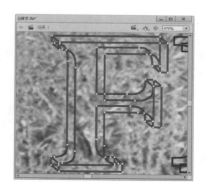

7. 删除线段

　　连接两个轮廓之后，使用"选择工具"按钮选择多余的线段，并按 Delete 键将其删除。

8. 制作立体字线框

　　使用同样的方法，将其他的文本轮廓进行连接，并删除多余的线段，完成立体字线框效果。

9. 填充立体字

　　通过设置"填充颜色"，结合使用"颜料桶工具"按钮，填充立体字，完成立体字的效果。

知识拓展

在"颜色"面板中设置渐变，为文本填充透明渐变，可以达到透明的玻璃和冰块效果。

招式 103 制作滚动文本

Q 在 Flash 中如何在限定大小的舞台中添加更多的文本呢，您能教教我吗？

A 可以。使用"文本"菜单中的"可滚动"命令即可添加更多的文本，且在预览时滚动鼠标即可查看文本内容。

1. 打开文档

打开本书配备的"素材\第6章\木兰诗.fla"项目文件。在该项目文件中，创建文本框和背景，下面将为该文档中的文本框设置可滚动文本效果。

2. 设置文本属性

❶ 使用"选择工具"按钮 选择文本框，在"属性"面板中单击"静态文本"下拉按钮，从弹出的下拉列表中选择"动态文本"选项，将文本属性更换为动态文本。❷ 在"段落"卷展栏中单击"单行"下拉按钮，从弹出的下拉列表中选择"多行"选项。

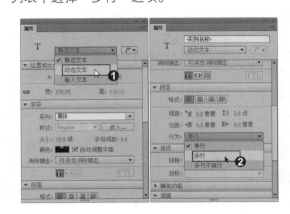

3. 选择文本

使用"文本工具"按钮 T，在打开的项目文件中选择所有的文本内容。

4. 选择"可滚动"命令

❶ 在菜单栏中选择"文本"|"可滚动"命令，❷ 调整文本框的大小使之适合舞台。

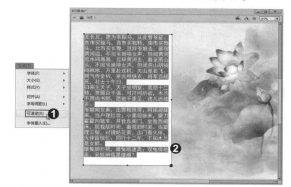

5. 预览动画

按 Ctrl+Enter 快捷键预览动画，在文本窗口的位置滚动鼠标中轴，可以观察滚动的文本内容。

知识拓展

除了可以制作文本的滚动效果之外，还可以通过"属性"面板设置文本的滤镜效果；❶ 在"滤镜"卷展栏中单击"添加滤镜"按钮 ➕▾，在弹出的下拉菜单中选择需要的滤镜，❷ 选择滤镜之后可以看到滤镜的属性，从中可以设置当前滤镜的属性，❸ 设置好滤镜效果后可以在舞台中预览文本效果。

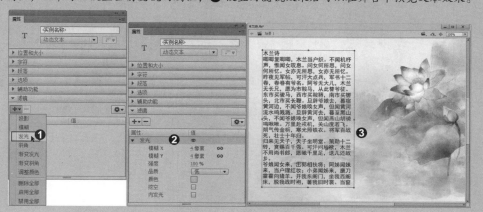

招式 **104** 选择文本类型

 Q 在哪里可以设置文本类型，如何设置文本类型，您能教教我吗？

A 可以。文本的类型可以分为"静态文本""动态文本"和"输入文本"三种，这三种文本类型比较重要，希望读者能够熟练掌握各种文本类型的使用。

1. 查看文本类型

在工具箱中选中"文本工具"按钮 T，在"属性"面板中单击"静态文本"下拉按钮，从弹出的下拉列表中可以看到"静态文本""动态文本"和"输入文本"三种文本类型。

2. 参数详解

静态文本：文本内容在影片制作过程中被确定，在没有制作补间动画的前提下，影片播放过程中不可改变。

动态文本：在影片制作过程中文本内容可有可无，主要通过脚本在影片播放过程中对其中的内容进行修改，不是依靠人工通过键盘输入来改变，一般用在制作类似有计算器输出结果框的影片中。

输入文本：在影片制作过程中文本内容可有可无，与动态文本不同的是，其内容的改变主要是人工通过键盘输入，一般用于制作类似申请表的影片中。

知识拓展

前面介绍了三种文本类型的参数，下面我们来介绍使用"输入文本"类型制作一个可以输入密码的文本框。❶ 使用"文本工具"按钮 T，在"属性"面板中选择"输入文本"类型，在"段落"卷展栏中设置"行为"为"密码"，即可设置密码，❷ 按 Ctrl+Enter 快捷键预览输出影片。

7 第7章

图层、时间轴和场景

Flash 动画的制作原理与电影、电视一样，也是利用视觉原理，用一定的速度播放一幅幅内容连贯的图片，从而形成动画。在 Flash 中，"时间轴"面板是创建动画的基础面板，而时间轴中的每一个方格称为一帧，帧是 Flash 中计算动画时间的基本单位。

Flash 中的图层和 Photoshop 的图层有一个共同作用——方便对象的编辑。在 Flash 中，用户可以通过在不同图层上绘制不同的画面，使动画变得丰富多彩。

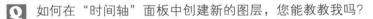

招式 **105** 创建新图层

Q 如何在"时间轴"面板中创建新的图层，您能教教我吗？

A 可以。创建新图层的方法有三种，下面将对其一一介绍。

1. 使用菜单命令

在"时间轴"面板的图层控制区中选中一个已经存在的图层，❶ 在菜单栏中选择"插入"|"时间轴"|"图层"命令，❷ 即可在"图层1"的上方新建一个图层。

2. 使用快捷菜单

在"时间轴"面板的图层控制区中选中一个已经存在的图层，❶ 单击鼠标右键，在弹出的快捷菜单中选择"插入图层"命令，❷ 即可在当前图层的上方创建新图层。

3. 使用"新建图层"按钮

❶ 在"时间轴"面板的图层控制区中选中一个已经存在的图层，在图层控制区的下方单击"新建图层"按钮，❷ 可以创建一个新的图层。

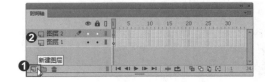

专家提示

当新建一个图层后，Flash 会自动为该图层命名，并且所创建的新图层都位于被选中图层的上方。

知识拓展

在"时间轴"面板的图层控制区中有"新建文件夹"按钮，创建文件夹的目的是管理更多类似的图层文件，创建文件夹的方法与创建图层的方法相同，这里就不详细介绍了。

招式 106 重命名图层

Q 在 Flash 中插入的所有图层都是系统默认的图层名称，而图层越来越多时，要查找某个图层就会变得烦琐起来，能否在 Flash 中对图层进行命名，您能教教我吗？

A 可以。

1. 双击图层名称

在"时间轴"面板的图层控制区中选中一个已经存在的图层，双击图层名称，可以看到激活的文本输入框。

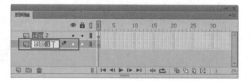

2. 命名新名称

激活文本输入框之后，输入名称并按 Enter 键，确定命名。

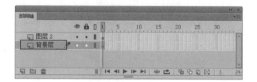

知识拓展

以上内容中介绍的图层命名是最为常用的一种，命名图层还可以在图层的"图层属性"对话框中进行重命名。❶ 在需要重命名的图层上单击鼠标右键，在弹出的快捷菜单中选择"属性"命令，❷ 弹出"图层属性"对话框，在"名称"文本框中输入图层的名称，单击"确定"按钮，即可重命名图层。

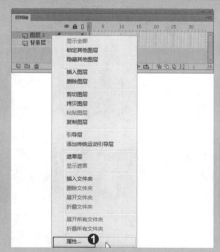

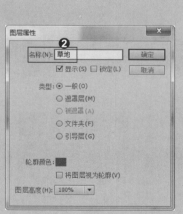

招式 107 调整图层的顺序

Q 在编辑动画时经常遇到建立的图层顺序达不到动画预期的效果，能教教我如何调整图层的顺序吗？

A 可以。

1. 打开文档

打开本书配备的"素材 \ 第 7 章 \ 草地上的小狗 .fla"项目文件。

2. 查看图层

在打开的项目文件中,可以看到影子图层处于小狗图层的上方了,接下来将对其所在的图层顺序进行调整,调整形状至合适的效果。

3. 调整图层的顺序

❶ 在"时间轴"面板中,拖曳"影子"图层到"狗狗"图层的下方,❷ 拖曳到"狗狗"图层的下方后释放鼠标左键,即可调整图层到合适的位置。

知识拓展

如果当前的形状都是"组",且在同一个图层中,这时我们就不需要调整图层的位置了,只需调整组的位置即可。选择相应的形状组,单击鼠标右键,在弹出的快捷菜单中选择"排列"命令,在其子菜单中选择上移或下移命令等,通过调整排列的位置,调整形状到合适的效果即可。

★★★★ 招式 **108** 编辑图层

Q 在图层控制区中还可以对图层进行哪些编辑,您可不可以教教我图层的其他应用和编辑吗?

A 可以。下面将讲述如何进行选择图层、删除图层、复制图层等操作。

1. 选择图层

❶ 选择图层只需在图层控制区中单击需要选择的图层即可；❷ 如果想要选择多个图层，可以按住 Ctrl 键，单击需要选择的图层即可。按住 Ctrl 键可以选择不相邻的多个图层；❸ 要想选择相邻的图层，需要选择第一个图层时按住 Shift 键，再单击要选择的最后一个图层，即可选中两个图层中间的所有图层。

2. 删除图层

❶ 选择要删除的图层将其拖曳到"删除"按钮上；❷ 选中要删除的图层，然后单击"删除"按钮；❸ 选择要删除的图层，单击鼠标右键，在弹出的快捷菜单中选择"删除图层"命令。使用这三种方法都可以将图层删除，灵活运用即可。

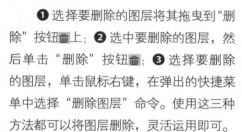

3. 复制图层

❶ 选中需要复制的图层，在菜单栏中选择"编辑" | "时间轴" | "拷贝图层"命令，在需要被复制的图层上选择"编辑" | "时间轴" | "粘贴图层"命令，即可将图层粘贴到当前图层的上方；❷ 选择需要复制的图层，在菜单栏中选择"编辑" | "时间轴" | "直接复制图层"命令，可以直接复制图层到当前图层的上方；❸ 除此之外，利用图层控制区中的右键快捷菜单也可以复制和粘贴图层。

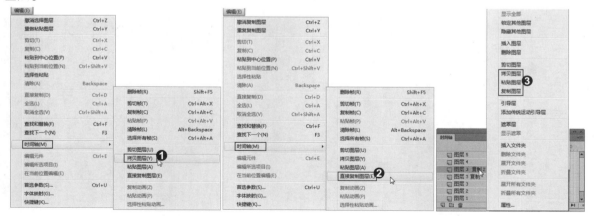

知识拓展

除了上述复制图层的方法外，还可以使用"剪切图层"命令，将图层放置到剪贴板，结合使用"粘贴图层"命令，将剪贴板中的图层复制到需要的位置。

招式 **109** 隐藏图层

Q 制作动画时，能否在不删除图层的情况下，将其不可见，您能教教我吗？

A 可以。使用图层的"显示或隐藏所有图层"按钮 👁 即可。

1. 隐藏图层

❶ 选择需要隐藏的图层，在图层控制区的"显示或隐藏所有图层"按钮👁下方要隐藏的图层上单击 ● 图标，● 图标变为 ✕ 图标，❷ 该图层就会处于隐藏状态，选中该图层时，该图层上会出现 ✕ 图标，表示该图层不可编辑。

2. 显示图层

若想要将隐藏的图层显示出来，在图层控制区的"显示或隐藏所有图层"按钮👁下方要显示的图层上单击 ✕ 图标。当 ✕ 图标变为 ● 图标时，该图层则被显示出来，且 ✕ 图标也变成了 ✏ 图标，表示当前图层为可编辑状态。

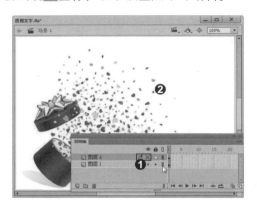

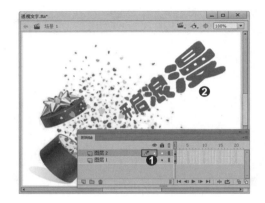

知识拓展

❶ 使用"显示或隐藏所有图层"按钮👁 还可以仅显示一个图层。只需按住 Alt 键，在需要显示的图层"显示或隐藏所有图层"按钮👁 的下方单击 ● 图标，这样可以隐藏其他图层，仅显示当前单击的图层。再次按住 Alt 键单击仅显示图层的 ● 图标，可以退出仅显示模式，显示出其他图层；❷ 当单击"显示或隐藏所有图层"按钮👁 时，可以将所有的图层隐藏。

招式 110 图层的锁定和解锁

Q 如何在图层正常显示的状态下，防止对非当前所要编辑的对象进行误操作，您能教教我吗？

A 可以。只需将不需要的图层进行锁定，就不会对其进行误操作了。

1. 锁定图层

在"时间轴"面板的图层控制区中，选择需要锁定的图层，单击"锁定或解除锁定所有图层"按钮🔒下的●图标，当●图标变为🔒图标时，说明当前图层为锁定状态。

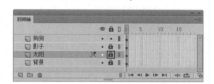

2. 解锁图层

解锁已锁定的图层，只需单击"锁定或解除锁定所有图层"按钮🔒下的🔒图标，当🔒图标变为●图标时，说明当前图层已经解锁。

专家提示

按住 Alt 键单击不被锁定图层"锁定或解除锁定所有图层"按钮🔒下的●图标，可以将除了该图层之外的其他图层锁定，再次按 Alt 键单击●图标，可以解锁其他图层。

知识拓展

❶在图层控制区还有一个"将所有图层显示为轮廓"按钮◻，❷单击该按钮可以将舞台中的形状显示为轮廓线，❸单击"将所有图层显示为轮廓"按钮◻下的色块，❹实心则表示形状，空心则表示为线框。

招式 111 分散到图层

Q 在 Flash 中可以将一个图层中的多个对象分散到多个图层吗，您能教教我吗？

A 可以。只需使用"修改"|"时间轴"|"分散到图层"命令即可。

1. 打开文档

❶ 打开本书配备的"素材\第 7 章\卡通猫 .fla"项目文件，❷ 使用"选择工具"按钮 ，在打开的项目文件中选择需要分散到图层的形状。

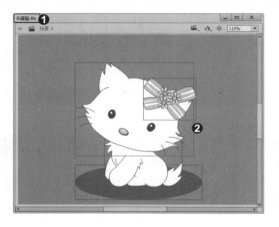

2. 选择"分散到图层"命令

选择形状之后，在菜单栏中选择"修改"|"时间轴"|"分散到图层"命令。

3. 分散到图层的形状

选择"分散到图层"命令后，可以根据组或者元件进行分散。将组或元件分散到图层之后，可以重新分配图层中形状的轮廓颜色。

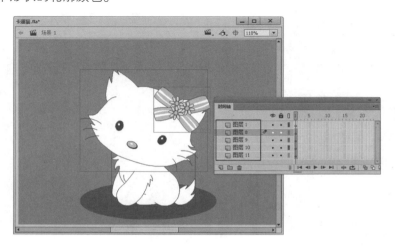

知识拓展

除了使用"修改"|"时间轴"|"分散到图层"命令外，还可以在项目文件中选择需要分散到图层的组合元件，单击鼠标右键，在弹出的快捷菜单中选择"分散到图层"命令。

招式 112　使用图层文件夹管理图层

Q 在 Flash 中，可以将文档中相同的图层放置到一个文件夹中吗，您能教教我吗？

A 可以。使用图层文件夹即可。

1. 创建文件夹

❶ 在一个多图层的文件中，单击"创建文件夹"按钮▢，❷ 可以看到在图层控制区中创建了一个"文件夹 1"。

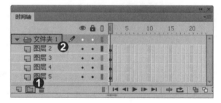

2. 重命名文件夹

创建文件夹之后，双击文件夹名称，可以为文件夹重新命名，按 Enter 键确定重新输入的名称。

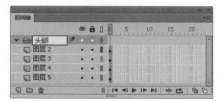

3. 移动图层到文件夹

❶ 选择需要放置到文件夹的图层，然后按住鼠标左键将其拖动到图层文件夹的名称上，❷ 释放鼠标左键，即可将图层放置到文件夹中。依此方法可以创建多个图层文件夹，并重新命名图层和文件夹的名称。

知识拓展

将图层放置到图层文件夹中之后，如何将图层从文件夹中取出来呢？❶ 只需选中需要取出的图层，按住鼠标左键，拖动图层到文件夹的上方或下方，❷ 释放鼠标左键即可从文件夹中取出图层。

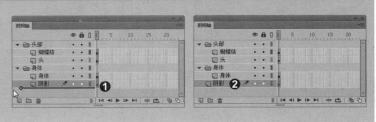

招式 113 图层属性设置

 Q 在 Flash 中能不能设置图层的属性，您能教教我吗？

A 可以。图层的显示、锁定、线框模式、轮廓颜色等设置都可以在"图层属性"对话框中进行编辑，具体介绍如下。

1. 选择"属性"命令

在"时间轴"面板中的图层上单击鼠标右键，从弹出的快捷菜单中选择"属性"命令。

2. 设置图层属性

弹出"图层属性"对话框，从中可以设置图层的显示、锁定、线框模式等。

3. "图层属性"对话框中的参数详解

名称：设置图层的名称。

显示：用于设置图层的显示与隐藏。

锁定：用于设置图层的锁定与解锁。

类型：用于指定图层的类型。

轮廓颜色：设置该图层对象的边框颜色。

将图层视为轮廓：选中该复选框即可使该图层内的对象以线框模式显示，其线框颜色为在"属性"面板中设置的轮廓颜色。若要取消图层的线框模式，可以直接单击"时间轴"面板中的"将所有图层显示为轮廓"按钮，如果只需要将某个图层以轮廓方式显示，单击该图层上相对应的色块即可。

图层高度：从该下拉列表框中选择不同的值可以调整图层的高度。

 知识拓展

双击"图层"面板中图层名称前的■按钮，可以打开"对象属性"对话框。

★★★★★ 招式 114 帧的类型

 Q 在时间轴中显示的帧有多少种类型，您能教教我吗？

A 可以。在 Flash 的时间轴上设置不同的帧，会以不同的图标来显示，具体介绍如下。

1. 空白帧

空白帧的帧中不包含任何对象，相当于一张空白的影片，表示什么内容都没有。

2. 关键帧

关键帧中的内容是可编辑的，黑色实心圆点表示关键帧。

3. 空白关键帧

空白关键帧与关键帧的性质和行为完全相同，但不包含任何内容，空心圆点表示空白关键帧。

4. 普通帧

普通帧一般用于延长影片播放时间，在关键帧后出现的普通帧为灰色。

5. 动作渐变帧

在两个关键帧之间创建动作渐变后，中间的过渡帧称之为动作渐变帧，用浅蓝色填充并用箭头连接，表示物体动作渐变的动画。

6. 形状渐变帧

在两个关键帧之间创建形状渐变后，中间的过渡帧称之为形状渐变帧，用浅绿色填充并用箭头连接，表示物体形状渐变的动画。

7. 不可渐变帧

在两个关键帧之间创建动作渐变或形状渐变不成功，则用颜色填充并用虚线连接。

8. 动作帧

为关键帧或空白关键帧添加脚本后，帧上会出现图标 ，表示该帧为动作帧。

137 »»

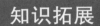 知识拓展

　　无论创建什么样的帧动画，选择该帧，可以打开"属性"面板从中查看和编辑该帧的属性和参数，这里我们就不详细介绍了。

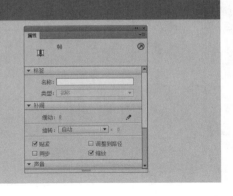

招式 **115** 插入帧

Q 在"时间轴"面板中，如何在时间轴上插入帧，您能教教我吗？

A 可以。下面我们将介绍常用的帧、关键帧和空白关键帧的插入方法。

1. 选择位置

　　在"时间轴"面板中，选择需要插入帧的位置，例如我们需要在第 5 帧中插入帧，只需使用"选择工具"按钮，选择对应的帧位置。

3. 插入关键帧

　　❶ 选择需要插入关键帧的位置，在菜单栏中选择"插入"|"时间轴"|"关键帧"命令，❷ 可以看到插入关键帧。

2. 插入帧

　　❶ 在菜单栏中选择"插入"|"时间轴"|"帧"命令，❷ 可以看到插入普通帧，其功能是延长关键帧的作用时间。

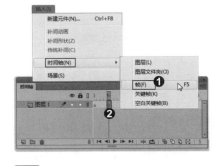

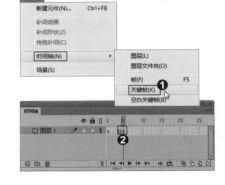

4. 插入空白关键帧

❶ 选择需要插入关键帧的位置，在菜单栏中选择"插入"|"时间轴"|"空白关键帧"命令，❷ 可以看到插入的空白关键帧，其作用是将关键帧的时间延长至指定位置。

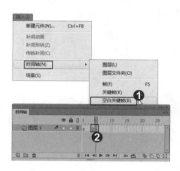

知识拓展

除了使用菜单栏的"插入"|"时间轴"中的命令来插入帧、关键帧和空白关键帧外，还可以在需要插入帧的位置单击鼠标右键，在弹出的快捷菜单中选择需要插入的帧。

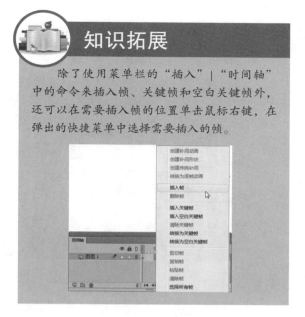

招式 116 使用关键帧制作动画

Q 上面介绍了如何插入帧，那么如何通过插入帧制作动画呢，您能教教我吗？

A 可以。下面我们通过一个简单的眨眼睛动画来介绍关键帧动画的制作。

1. 插入帧

❶ 打开本书配备的"素材\第 7 章\卡通苹果.fla"项目文件，❷ 在"时间轴"面板中"图层 1"为苹果部分，在第 15 帧的位置按 F5 键插入帧，"图层 2"为眼睛部分，在第 10 帧的位置按 F5 键插入帧。

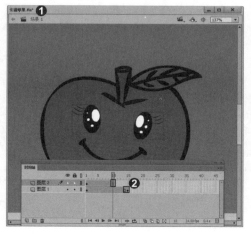

2. 绘制"闭眼"形状

❶ 在"时间轴"面板中单击"新建图层"按钮，创建一个新图层，并在第 10 帧的位置按 F7 键插入空白帧，❷ 在眼睛的位置绘制闭眼的效果。

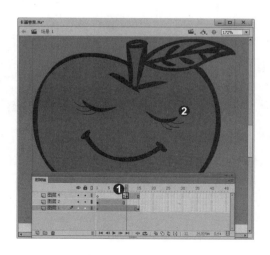

3. 输出影片观察动画

按 Ctrl+Enter 快捷键输出影片，可以预览完成的眨眼睛动画。

知识拓展

使用直接添加空白关键帧可以制作许多闪动动画，例如可以制作许多产品展示，还可以制作切换的文本效果，只需在不同的关键帧位置创建空白关键帧即可。

★★★★
招式 **117** 编辑帧

Q 创建动画后,如何对动画的关键帧进行移动、复制等编辑操作呢,您能教教我吗?

A 可以。下面将介绍如何移动、删除、复制和粘贴帧。

1. 移动帧

在制作动画之后，如果感觉当前帧的位置不合适，❶ 可以在帧的位置上单击，❷ 按住鼠标左键移动帧到合适的位置，释放鼠标左键即可移动帧到合适的位置。

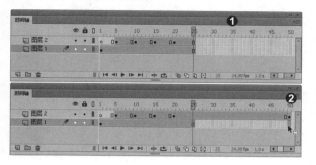

2. 删除帧

选择需要删除的一个或多个帧，然后单击鼠标右键，在弹出的快捷菜单中选择"删除帧"命令，即可删除选择的帧。

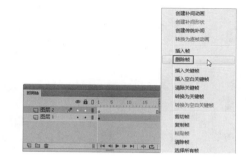

3. 剪切帧

在时间轴上选择需要剪切的一个或多个帧，然后单击鼠标右键，在弹出的快捷菜单中选择"剪切帧"命令，即可剪切掉所选的帧，被剪切后的帧保存在 Flash 的剪贴板中，可以在需要的时候重新使用。

4. 复制帧

使用鼠标选择需要复制的一个或多个帧，然后单击鼠标右键，在弹出的快捷菜单中选择"复制帧"命令，即可复制所选的帧。

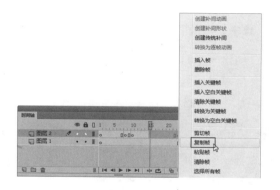

5. 粘贴帧

在时间轴上选择需要粘贴帧的位置，单击鼠标右键，在弹出的快捷菜单中选择"粘贴帧"命令，即可将复制或被剪切的帧粘贴到当前位置。

知识拓展

前面讲述的删除、剪切、复制和粘贴以及清除等操作可以通过选择菜单栏中的"编辑"|"时间轴"子菜单中的命令对帧进行编辑，这里就不详细介绍了。

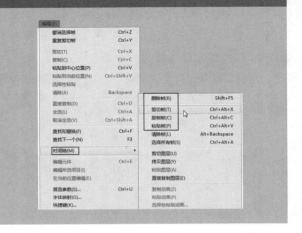

招式 118 预览动画

Q 创建完成 Flash 的动画之后，如何对其进行播放呢，您能教教我吗？

A 可以。使用"时间轴"面板底部帧控件区中的"播放"按钮▶就可以播放动画。

1. 单击"播放"按钮

创建一个 Flash 小动画后，在"时间轴"面板底部单击帧控件区中的"播放"按钮▶，即可在舞台中观看当前创建的小动画。

2. 拖动播放头

在帧显示区中拖动播放头也可以预览播放头所到处的动画效果。

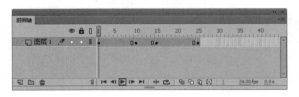

知识拓展

除了上述可以播放预览动画之外，还可以通过按 Ctrl+Enter 快捷键输出动画，预览当前动画的效果；另外在菜单栏中选择"控制"|"播放"命令也可以在舞台中播放预览动画。

招式 119 逐帧观察动画

Q 在制作的 Flash 动画中如何观察当前帧的前一关键帧和后一关键帧，您能教教我吗？

A 可以。只需使用帧控件区中的工具即可，具体操作如下。

1. 后退一帧

❶ 在"时间轴"面板中选择"图层 1"的第 10 帧，❷ 单击帧控件区中的"后退一帧"按钮 ◀▮，可以将播放头移动到第 9 帧，继续单击"后退一帧"按钮 ◀▮ 可以逐帧后退，直至后退到开始帧。

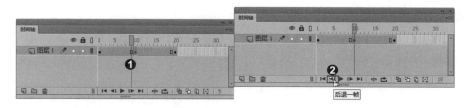

2. 前进一帧

❶ 在"时间轴"面板中选择"图层 1"的第 10 帧，❷ 单击帧控件区中的"前进一帧"按钮 ▮▶，可以将播放头移动到第 11 帧，继续单击"前进一帧"按钮 ▮▶ 可以逐帧前进，直至前进到最后一帧。

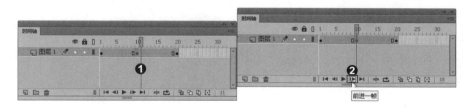

 知识拓展

"前进一帧"命令的快捷键为"。"(句号);"后退一帧"命令的快捷键为","(逗号);另外在菜单栏的"控制"菜单中可以选择"前进一帧"或"后退一帧"命令。

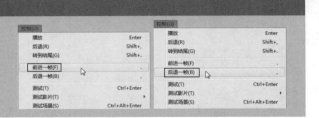

招式 **120** 转至开头和结尾

Q 在观察 Flash 动画时,如何将播放头移至开始帧或结束帧,有没有较为快捷的方法,您能教教我吗?

A 可以。只需使用帧控件区中的工具即可,具体操作如下。

1. 转至开头

❶ 在"时间轴"面板中,无论播放头处于哪一帧,单击"转到第一帧"按钮 ,❷ 即可将播放头移动到动画的开始帧。

2. 转至结尾

❶ 在"时间轴"面板中,无论播放头处于哪一帧,单击"转到最后一帧"按钮 ,❷ 即可将播放头移动到动画的结尾帧。

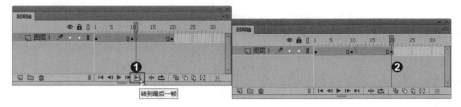

 知识拓展

转至结尾的快捷键为 Shift+"。"(句号);转至开头的快捷键为 Shift+","(逗号);另外在菜单栏的"控制"菜单中可以看到"后退"(转至开头)和"转到结尾"命令。

招式 121 使用洋葱皮工具

Q 在"时间轴"面板的下方除了帧控件之外还有几个工具，这些工具的作用是什么，您能教教我吗？

A 可以。在"时间轴"面板的下方除了帧控件之外的工具条统称为"洋葱皮工具"，使用洋葱皮工具可以改变帧的显示方式，方便动画设计者观察动画的细节。

1. 帧居中

使用"帧居中"按钮可以使选中的帧居中显示。

2. 循环

使用循环按钮可以编辑循环播放范围，使时间轴上的帧循环播放。

3. 绘图纸外观

❶ 单击绘图纸外观按钮，就会显示当前帧的前后几帧，此时只有当前帧是正常显示的，其他帧显示为比较淡的彩色。❷ 单击此按钮，可以调整当前帧的形状，而其他帧是不可修改的，要修改其他帧，就要将需要修改的帧选中，这种模式被称为"洋葱皮模式"。

4. 绘图纸外观轮廓

❶ 单击该按钮同样会以洋葱皮的方式显示前后几帧，不同的是，当前帧为正常形状显示，❷ 非当前帧是以轮廓线形式显示的。在图案比较复杂的时候，仅显示外轮廓线有助于正确地定位形状。

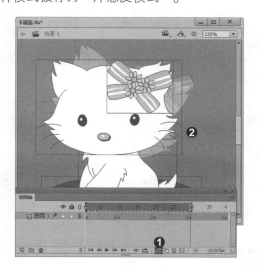

5. 编辑多个帧

对各帧的编辑对象都进行修改时需要用编辑多个帧按钮。单击洋葱皮模式或洋葱皮轮廓模式显示按钮时，再单击编辑多个帧按钮，就可以对整个序列中的对象进行修改了。

6. 修改标记

修改标记按钮决定了进行洋葱皮显示的方式。该按钮包含了一个下拉菜单。

始终显示标记：开启或隐藏洋葱皮模式。

锚定标记：固定洋葱皮的显示范围，使其不随动画的播放而改变以洋葱皮模式显示的范围。

标记范围2：以当前帧为中心的前后2帧范围内以洋葱皮模式显示。

标记范围5：以当前帧为中心的前后5帧范围内以洋葱皮模式显示。

标记所有范围：将所有的帧以洋葱皮模式显示。

 知识拓展

洋葱皮模式对于制作动画有很大帮助，它可以使帧与帧之间的位置关系一目了然。选择任何一个洋葱皮选项后，在时间轴上方的时间标尺上都会出现两个标记，在这两个标记中间的帧都会显示出来，也可以用鼠标拖动这两个标记来扩大或缩小洋葱皮模式所显示的范围。

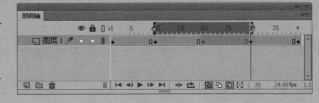

招式 122 调整帧的模式

Q 如果我制作的动画关键帧有些长，如何能够在时间轴中以最窄的方式显示关键帧，您能教教我吗？

A 可以。使用帧模式即可设置帧的显示模式。

1. 单击■按钮

❶ 在"时间轴"面板的右上角单击■按钮，❷ 可以看到弹出的帧模式快捷菜单，通过此快捷菜单可以控制帧的显示状态。

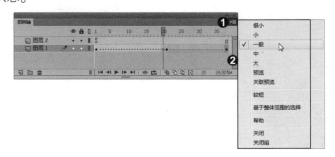

2. "很小"模式

在弹出的帧模式快捷菜单中选择"很小"命令，可以看到帧以最窄的方式显示。

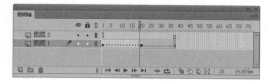

3. "大"模式

在弹出的帧模式快捷菜单中选择"大"命令，可以看到帧以最宽的方式显示。

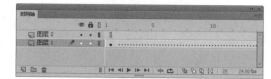

专家提示

读者可以尝试使用适合自己的帧显示模式，这里由于篇幅有限就不一一介绍了。

知识拓展

在"时间轴"面板的右上角单击 按钮，可以看到弹出的帧模式快捷菜单，从该快捷菜单中选择"基于整体范围的选择"命令，可以选择整个补间动画或两个关键帧之间的所有帧，这样移动帧之间的动画就会方便许多。

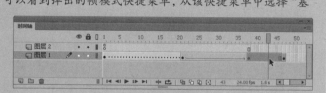

招式 123　巧用翻转帧

Q 什么是翻转帧？翻转帧的作用是什么？您能教教我吗？

A 可以。翻转帧可以将选中的所有帧的播放顺序颠倒，具体的使用方法如下。

1. 打开文档

打开本书配备的"素材\第7章\翻转动画.fla"项目文件，播放动画发现该动画是从圆变形为星形。

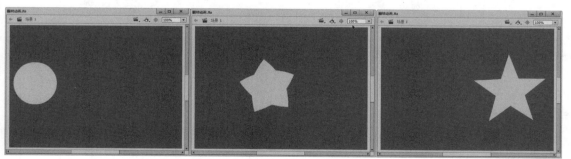

2. 选择帧

在"时间轴"面板中可以发现该动画为创建的补间形状动画,使用上一个招式中介绍的"基于整体范围的选择"命令,选中整个补间形状动画。

3. 翻转帧

选择补间动画后,在菜单栏中选择"修改"|"时间轴"|"翻转帧"命令。

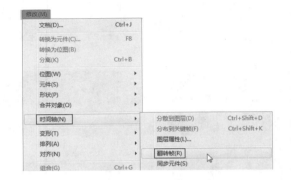

4. 播放动画

翻转帧后,这时再次播放动画可以发现,形状动画将由星形变为圆形。

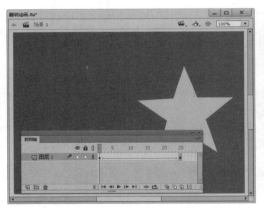 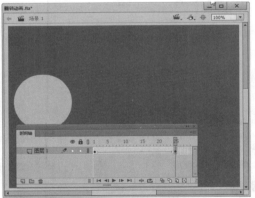

知识拓展

使用"翻转帧"命令同样可以为关键帧动画进行翻转操作,只需选择需要翻转的帧区域,使用"翻转帧"命令进行翻转即可。另外也可以用鼠标右键单击选择的帧区域,在弹出的快捷菜单中选择"翻转帧"命令即可。

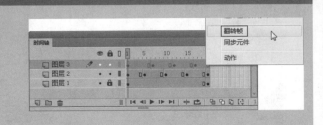

招式 124　添加场景

Q 场景是什么，在哪里可以找到，具体能做什么，如何添加场景，您能教教我吗？

A 可以。场景就是一段相对独立的动画。整个 Flash 动画可以由一个场景组成，也可以由多个场景组成。当动画中有多个场景时，整个动画会按照场景的顺序进行播放。

1. 打开场景

❶ 在菜单栏中选择"窗口"|"场景"命令，❷ 打开"场景"面板。

2. 添加场景

新建的文档中会有一个"场景 1"，单击"添加场景"按钮，可以创建"场景 2"。

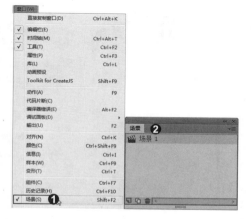

知识拓展

添加场景的另一种方法是，❶ 在菜单栏中选择"插入"|"场景"命令，❷ 同样可以在"场景"面板中添加新的场景。

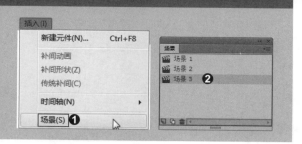

招式 125　使用场景制作动画

Q 如何使用场景来制作动画，您能教教我吗？

A 可以。场景的具体使用方法如下。

1. 新建文档

❶ 运行 Flash CC 软件，创建新文档，❷ 在"属性"面板中设置"属性"卷展栏中的"大小"为 800×450。

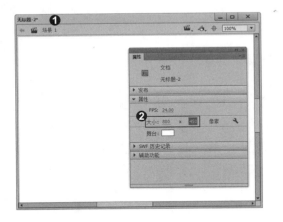

2. 导入图像

设置舞台大小后，在菜单栏中选择"文件"|"导入"|"导入到舞台"命令，在弹出的"导入"对话框中选择本书配备的"素材\第 7 章\植物 01.jpg"项目文件。

3. 取消导入的序列

因为导入的图像名称是序列名称，所以单击"打开"按钮后，弹出"是否导入序列图像"对话框，单击"否"按钮即可，不需导入序列图像。

4. 添加标题

❶ 选中"文本工具"按钮 T，❷ 在舞台中创建文本作为标题，设置合适的文本属性和参数即可。

5. 设置文本的滤镜

在舞台中选择文本，在"属性"面板中展开"滤镜"卷展栏，单击"添加滤镜" ➕▾ 按钮，在弹出的下拉菜单中选择"发光"滤镜，设置合适的发光参数。

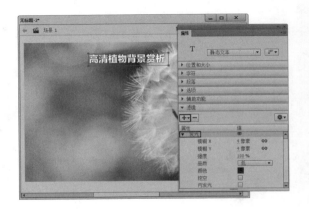

6. 延长动画

在"时间轴"面板中选择第 50 帧，按 F5 键添加帧，延长动画显示为 50 帧。

7. 添加场景

在"场景"面板中继续添加场景，使用同样的方法导入图像，延长动画的显示时长。

知识拓展

播放动画时，Flash 将按照场景的排列顺序来播放，最上面的场景最先播放。如果要调整场景的播放顺序，只需选中场景后上下拖动即可。

在"场景"面板底部单击 ⎁ 按钮，可以将当前选择的场景进行复制。单击 🗑 按钮，可以将当前选择的场景删除。

8

第8章

使用元件、库和实例

一部完整的影视作品，并不是靠一己之力完成的，它需要各种行业和各种不同的技术合作才能完成，这就像 Flash 中的各个元件一样。本章将通过讲解如何使用元件、库制作实例，并介绍元件的创建方式和编辑方式，以及元件在动画中的应用。

招式 126 创建图形元件

Q 什么是图形元件，元件的作用是什么，您能教教我元件如何创建吗？

A 可以。在 Flash 中图形元件用于静态图像，还可以用于创建连接到时间轴的可以重复使用的动画片段，下面将介绍如何创建图形元件。

1. 创建新元件

运行 Flash CC 软件，新建一个文档，❶ 在菜单栏中选择"插入"|"新建元件"命令，❷ 弹出"创建新元件"对话框，在"名称"文本框中输入元件的名称，并设置"类型"为"图形"。

2. 编辑元件模式

在"创建新元件"对话框中单击"确定"按钮，工作区会自动从影片的场景转换到元件编辑模式场景。在元件编辑区中心会出现一个十字光标，用户可以以十字光标作为编辑绘制图形的中心点。

专家提示

在创建"图形元件"之前，我们需要对 Flash 中的"形状""组""图形元件"进行区分和了解。

形状：形状在 Flash 中可以理解为利用工具箱中的各种绘图工具和颜料桶工具绘制出的对象，是 Flash 中内存容量最小的对象。❶ 将导入的图像打散，❷ 在"属性"面板中成为"形状"，但是在填充样式中显示为位图填充。

组："组"是将所绘制的形状或已经打散的位图形状通过"修改"|"组合"命令组合为整体的对象。它不会被存储在库中，复制后文档内存会增大。

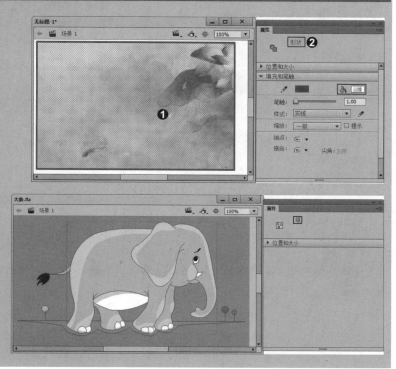

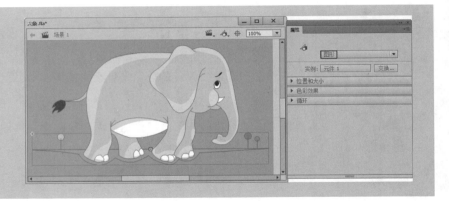

图形元件："图形元件"是以反复应用为目的的对象，可以将形状和组转换为图形元件，在多次复制和使用后不会增大文档的内存。

知识拓展

在场景中，选中的任何对象都可以转换成为元件，只需 ❶ 使用"选择工具"按钮在舞台中选择需要转换为元件的对象，在菜单栏中选择"修改"｜"转换为元件"命令，或按 F8 键，❷ 弹出"转换为元件"对话框，在"名称"文本框中输入"大象"，然后在"类型"下拉列表中选择"图形"选项，❸ 单击"确定"按钮后，被选中的大象即可转换为图形元件。

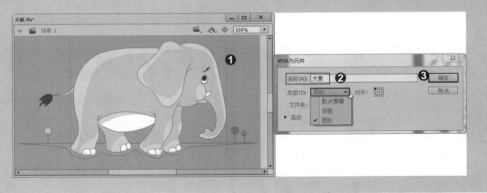

招式 127 创建影片剪辑元件

Q 如何创建影片剪辑元件，影片剪辑元件是什么，您能教教我吗？

A 可以。影片剪辑是 Flash 动画中常用的元件类型，是独立于电影时间线的动画元件，主要用于创建具有一段独立主体内容的动画片段。当影片剪辑所在图层的其他帧没有别的元件或空白关键帧时，它不受目前场景中帧长度的限制，可以循环播放；如果有空白关键帧，并且空白关键帧所在的位置比影片剪辑动画的结束帧靠前，影片会结束，同样也提前结束循环播放，创建影片剪辑元件的具体操作如下。

1. 打开文档

打开本书配备的"素材\第 8 章\大象 .fla"项目文件，下面将在该项目文件的基础上制作眨眼的影片剪辑元件。

3. 新建元件

❶ 在菜单栏中选择"插入"|"新建元件"命令，❷ 弹出"创建新元件"对话框，在"名称"文本框中输入"眨眼"，设置"类型"为"影片剪辑"。

5. 绘制闭眼元件

❶ 在"时间轴"面板中选择第 26 帧，按 F7 键插入空白关键帧，❷ 在舞台中眼睛的位置绘制闭眼的眼睛效果，并在第 32 帧按 F5 键插入帧。

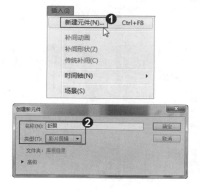

2. 复制眼睛形状

使用"选择工具"按钮 选择大象组，并❶ 双击进入组编辑模式场景，❷ 选择眼睛形状，按 Ctrl+C 快捷键复制眼睛形状。

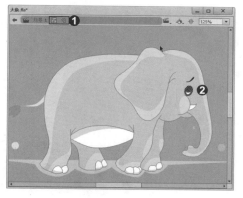

4. 粘贴眼睛形状

❶ 单击"确定"按钮，进入到影片剪辑编辑模式场景，按 Ctrl+V 快捷键粘贴眼睛到舞台中，❷ 在"时间轴"面板中选择第 25 帧，按 F5 键插入帧。

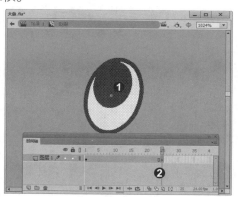
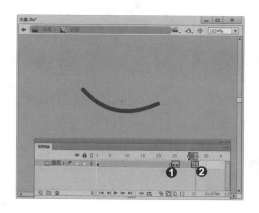

6. 添加影片剪辑

创建影片剪辑后，在舞台的空白处双击，即可退出元件编辑场景，并在舞台中删除眼睛形状，❶ 在"库"面板中选择"眨眼"元件，❷ 将该影片剪辑元件拖曳到舞台。

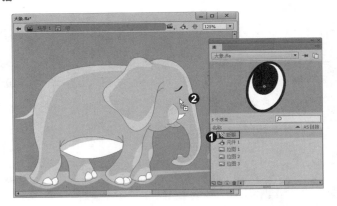

7. 测试影片

添加影片后，按 Ctrl+Enter 快捷键预览动画，完成大象眨眼睛的动画效果。

知识拓展

对于复制形状到影片元件中的这种操作来讲，并不是最直接和简单的方法，最简单直接的办法就是选中需要作为影片元件的形状，按 F8 键将原有的形状转换为元件，设置"类型"为"影片剪辑"即可将形状转换为影片剪辑，同时进入元件编辑场景，对形状设置动画即可。

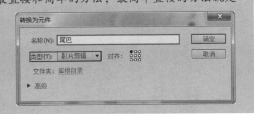

招式 128 创建按钮元件

Q 在 Flash 中如何创建按钮元件，按钮元件有什么作用，您能教教我吗？

A 可以。按钮元件一般被用于制作一些 Flash 影片中具有互动功能的动画效果，可以在影片中响应鼠标的点击、指针经过及按下等动作，然后将响应的时间结果传递给创建的互动程序进行处理。其创建的具体操作如下。

1. 打开文档

　　打开本书配备的"效果 \ 第 8 章 \ 大象 .fla"项目文件，该项目文件为大象眨眼的 Flash 文档。

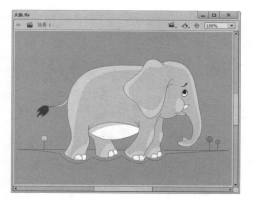

2. 插入按钮元件

　　❶ 在菜单栏中选择"插入" |"新建元件"命令，❷ 弹出"创建新元件"对话框，设置"名称"为"眨眼"，设置"类型"位"按钮"。

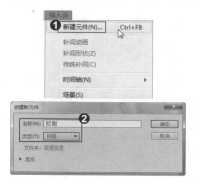

3. 绘制元件形状

　　单击"确定"按钮，❶ 进入影片剪辑元件编辑模式场景，❷ 绘制按钮。

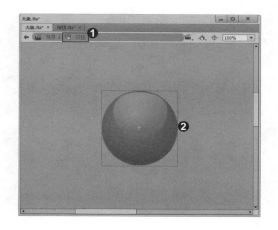

4. 设置弹起效果

　　❶ 在"时间轴"面板中可以看到标尺的 4 个空白帧，从中选择"弹起"选项，按 F6 键插入关键帧，❷ 在影片剪辑编辑模式中设置按钮效果。

5. 设置指针经过的效果

　　❶ 在"时间轴"面板中为"指针经过"插入关键帧，❷ 设置按钮的指针经过效果。

6. 设置按下效果

❶ 在"时间轴"面板中为"按下"插入关键帧，❷ 设置按钮的按下效果。

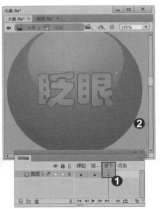

7. 设置点击效果

❶ 在"时间轴"面板中为"点击"插入关键帧，❷ 设置按钮的点击效果。

8. 测试影片

将按钮元件放置到场景中，按 Ctrl+Enter 快捷键输出影片，测试按钮效果。

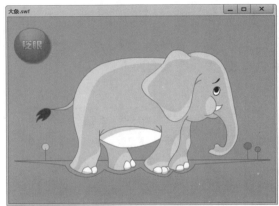

知识拓展

除了上述的按钮元件制作方法外，我们还可以通过导入形状到相应的事件下的关键帧处，来制作鼠标事件。

招式 **129** 转换元件

Q 在 Flash 中能不能在三种元件之间进行相互转换呢，具体操作是什么，您能教教我吗？

A 可以。

1. 打开文档

❶ 打开本书配备的"素材＼第 8 章＼小黄鸭 2.fla"项目文件，在舞台中选择小黄鸭元件，❷ 在"属性"面板中可以看到该元件为图形元件。

2. 删除图层

❶ 在菜单栏中选择"修改"|"转换为元件"命令，❷ 在弹出的"转换为元件"对话框中设置"类型"为"按钮"，❸ 单击"确定"按钮，这样即可将图形元件转换为按钮元件。

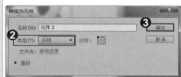

专家提示

使用"转换为元件"命令转换元件类型会在"库"面板中增加新的元件。

知识拓展

在 Flash CC 中，选择舞台中要转换的元件，❶ 在"属性"面板中单击"实例行为"下拉按钮，❷ 在弹出的下拉列表中选择相应的选项，即可改变当前实例的类型，使用此方法，不会在"库"面板中增加新的元件。

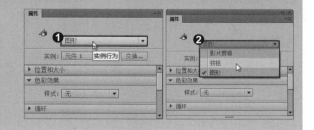

招式 130 编辑元件

 在舞台中添加元件后，可以对元件进行编辑吗？如何再次进入元件编辑模式场景，您能教教我吗？

 可以。

1. 打开文档

打开本书配备的"素材 \ 第 8 章 \ 熊猫 .fla"项目文件，在该项目文件中，熊猫的头部、上半身、下半身、眉毛均为图形元件。

2. 编辑元件

若要对其中的元件进行修改，可以选择元件，❶ 直接双击进入元件编辑模式场景，❷ 对元件进行编辑即可。

知识拓展

如果要退出元件编辑模式场景，可以在舞台空白处双击；也可在标题栏下单击"场景"返回到场景编辑模式。

招式 131 管理库中的元件

 库是什么，有什么作用，您能教教我如何管理和使用库吗？

可以。库是一个可存储元素的仓库，这些元素称为元件，可将它们作为元件实例置入 Flash 影片中。导入的声音和位图将自动存储于"库"面板中。在制作影片的过程中，创建图形元件、按钮元件、影片剪辑元件将会自动保存在"库"中，以便重复使用。

1.　"库"面板中元件的命名

在"库"面板中可以看到当前项目的元件，❶双击要重命名的元件名称，可以看到元件名称处的光标闪动，❷输入新名称，按 Enter 键即可重命名元件名称。

2.　"库"面板中元件的删除

❶对于"库"面板中多余的元件，可以将其选中，单击"库"面板下边的"删除"按钮 🗑，❷即可将选中的元件删除。

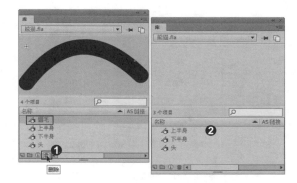

3.　元件的转换

在前面我们介绍了元件的基本转换，在"库"面板中同样也可以对元件进行转换。只需在要转换的元件上单击鼠标右键，在弹出的快捷菜单中选择"属性"命令，弹出"元件属性"对话框，在"类型"下拉列表中重新选择元件的类型即可。

知识拓展

在"库"面板中，鼠标右键快捷菜单中包含了多种对元件进行编辑的操作命令，如对元件的剪切、复制、粘贴、重命名、删除、直接复制、移至、编辑、属性、导出等，根据情况对元件进行处理和修改即可。

招式 132　创建实例

Q 什么是实例，如何使用实例，您能教教我吗？

A 可以。将"库"面板中的元件拖曳到场景或其他元件中，实例便创建成功，也就是说，场景或元件中的元件被称为实例。

1. 打开文档

❶ 打开本书配备的"素材\第8章\蝴蝶结背景.fla"项目文件，❷ 该文档的"库"面板中创建有"蝴蝶结"元件。

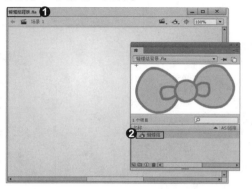

2. 创建实例

❶ 在"库"面板中选中"蝴蝶结"元件，❷ 按住鼠标左键不放，将其拖曳到场景中，释放鼠标左键，即可创建实例。

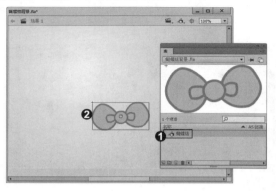

 知识拓展

一个元件可以创建多个实例，并且对某个实例进行编辑和修改不会影响元件也不会影响其他实例，同时在场景中添加多个实例也不会增加文档的大小。

招式 133 设置实例色彩

Q 在 Flash 中，可以对同一个实例设置不同的色彩效果吗？您能教教我吗？

A 可以。使用"属性"面板中的"色彩效果"卷展栏下的"样式"下拉列表框即可设置实例的"亮度""色调""高级"和 Alpha 效果。

1. 打开文档

❶ 打开本书配备的"素材\第8章\蝴蝶结背景1.fla"项目文件，❷ 该项目文件中复制有多个实例。

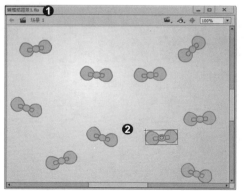

2. 选择色彩效果的样式

在项目文件中选择其中一个实例，在"属性"面板中单击"色彩效果"卷展栏下的"样式"下拉按钮，从弹出的下拉列表中选择"色调"选项。

3. 设置色调

❶ 选择"色调"选项后，在"色彩效果"卷展栏中出现了编辑色调的相关参数，使用一种颜色对实例进行着色操作，❷ 可以在舞台中实时预览效果。

4. 设置亮度

❶ 选择一个蝴蝶结，单击"色彩效果"卷展栏下的"样式"下拉按钮，从弹出的下拉列表中选择"亮度"选项，设置实例的相对亮度参数，❷ 可以在舞台中实时预览效果。

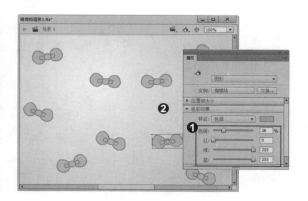

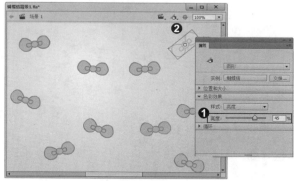

知识拓展

如果调整色彩效果之后没有达到理想的效果，需要取消色彩效果的样式，可以在"色彩效果"卷展栏的"样式"下拉列表中选择"无"选项，即可恢复到原始的实例效果。

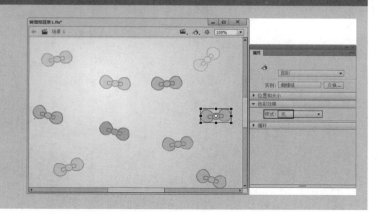

招式 134 设置实例的不透明度

Q 调整实例的色彩后，如何能够调整实例的不透明度呢，您能教教我吗？

A 可以。在"属性"面板的"色彩效果"卷展栏中设置"样式"为 Alpha 即可。

1. 打开文档

❶ 打开本书配备的"素材\第8章\冰激凌 .fla"项目文件，❷ 在该项目文件中选择"猕猴桃"图形实例。

2. 设置 Alpha 参数

❶ 在"属性"面板中单击"色彩效果"卷展栏下的"样式"下拉按钮，从弹出的下拉列表中选择 Alpha 选项，并设置 Alpha 的参数为60%，❷ 可以看到设置的实例为不透明度效果。

知识拓展

除了选择 Alpha 选项之外，❶ 还可以使用"高级"样式，❷ 设置图像的 Alpha 不透明度以及调整实例的红、绿、蓝效果，具体的参数可以通过实际的应用来调整，这里就不详细介绍了。

招式 **135** 设置实例的混合模式

Q 如果多个元件重叠在一起可不可以得到多层的复合形状效果，可以通过什么来调整呢，您能教教我吗？

A 可以。在 Flash 动画的制作过程中，使用"混合"功能可以得到多层复合形状效果。该模式将改变两个或两个以上重叠对象的透明度或颜色相互关系，使结果显示重叠影片剪辑中的颜色，从而创造出独特的视觉效果。

1. 打开文档

❶ 打开本书配备的"素材\第8章\蝴蝶结背景2.fla"项目文件，❷ 在该项目文件中选择"条纹"影片剪辑元件。

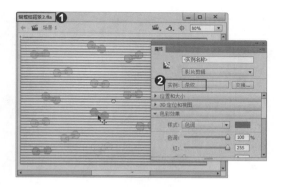

2. 选择混合模式

❶ 在"属性"面板中单击"显示"卷展栏下的"混合"下拉按钮，❷ 可以看到弹出的下拉列表。

3. 选择合适的混合模式

在"混合"下拉列表中选择"叠加"选项，可以看到形状的叠加效果，并实时预览到场景的舞台中，读者可以尝试使用其他的混合模式，这里就不一一介绍了。

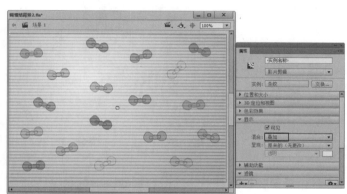

知识拓展

如果在场景中需要添加或绘制一些形状，可以隐藏元件的混合形状，只需在"显示"卷展栏中取消"可见"复选框的选中，这样即可将当前的影视剪辑元件进行隐藏；使用"可见"复选框还可以设置可见与否的动画效果。

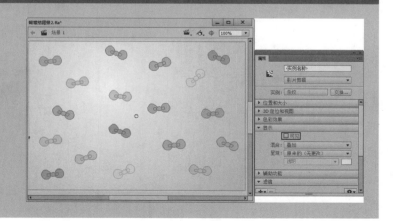

招式 **136** 设置实例的投影

Q 在 Flash 中如何为实例设置投影效果，您能教教我吗？

A 可以。使用滤镜可以设置实例的投影效果。

1. 打开文档

❶ 打开本书配备的"素材 \ 第 8 章 \ 文本滤镜 .fla"项目文件，❷ 在舞台中选择文本，并设置该文本"类型"为"影片剪辑"。

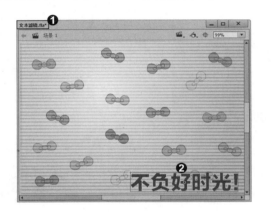

2. 选择"投影"命令

❶ 在"属性"面板中展开"滤镜"卷展栏，单击"添加滤镜"按钮 ，❷ 在弹出的下拉菜单中选择"投影"命令。

3. 设置投影效果

选择"投影"效果后，在"投影"参数面板中设置合适的参数即可得到文本投影的效果。

4. 预览投影效果

设置合适的参数，可以看到项目文件场景在舞台中实时预览的效果。

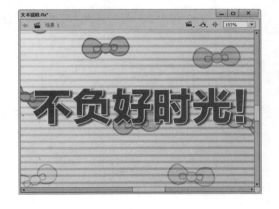

 知识拓展

在投影的"属性"面板中若勾选了"挖空"复选框，可以得到只有倒影的效果；若勾选"内阴影"复选框可以设置阴影为文本或形状的内侧；若勾选"隐藏对象"复选框可以将阴影效果隐藏起来；可以使用阴影参数来设置动画，这里就不详细介绍了。

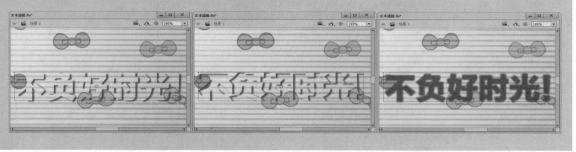

招式 137 设置实例的模糊

Q 在 Flash 中能不能设置实例的模糊效果，您能教教我吗？

A 可以。使用滤镜可以设置实例的模糊效果。

1. 打开文档

❶ 打开本书配备的"素材 \ 第 8 章 \ 实例模糊 .fla"项目文件，❷ 在该文档中女孩的所有部件都是影片剪辑元件，这里可以为其设置滤镜效果。

2. 选择"模糊"命令

❶ 在舞台中选择"腮红"影片剪辑元件，❷ 在"滤镜"卷展栏中单击"添加滤镜"按钮 ，在弹出的下拉菜单中选择"模糊"命令。

3. 设置参数

❶ 选择"模糊"命令后,在"属性"面板中设置"模糊 X"和"模糊 Y"的参数均为 8 像素,❷ 可以实时预览舞台中的效果。

4. 制作模糊效果

使用同样的方法,选择另一侧的"腮红"影片剪辑元件,设置其模糊效果,得到最终的腮红模糊效果。

知识拓展

在模糊效果的"属性"参数设置中有"品质"选项,该选项下拉列表中有"低、中、高"三个品质,品质也会根据选择的选项不同有着不同的效果,如下图分别设置腮红的品质为低、中、高的对比,在制作动画时一般使用默认的"低"品质即可。

招式 138 设置实例的发光

Q 在 Flash 中如何设置实例的发光效果,您能教教我吗?

A 可以。使用滤镜可以设置实例的发光效果。

1. 打开文档

打开本书配备的"素材 \ 第 8 章 \ 实例发光 .fla"项目文件。

2. 选择"发光"命令

❶ 在舞台中选择蝴蝶结，❷ 在"属性"面板的"滤镜"卷展栏中单击"添加滤镜"按钮 ➕▾，在弹出的下拉菜单中选择"发光"命令。

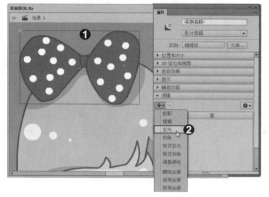

3. 设置"发光"参数

❶ 选择"发光"命令后，在"属性"中设置"模糊 X"和"模糊 Y"的参数均为 32 像素，设置"颜色"为黑色，❷ 可以实时预览舞台中的效果。

4. 设置内发光效果

❶ 设置发光参数后，默认的发光为外发光，如果需要设置元件的内发光，勾选"内发光"复选框，❷ 即可将实例元件的发光变换为内发光效果。

知识拓展

在"滤镜"中除了"发光"命令外，还可以选择"渐变发光"命令。使用"渐变发光"命令可以设置渐变的发光效果，较"发光"命令来说"渐变发光"命令使用得较少，一般用来制作多种颜色的发光效果。

招式 **139** 设置实例的浮雕效果

Q 在 Flash 中能设置实例的浮雕效果吗，您能教教我吗？

A 可以。在 Flash 中制作浮雕的命令是"斜角"命令，具体操作如下。

1. 打开文档

❶ 打开本书配备的"素材\第8章\实例斜角 .fla"项目文件，❷ 在项目文件中选择创建的文本影片剪辑实例。

2. 选择"斜角"命令

❶ 在"属性"面板中单击"滤镜"卷展栏下的"添加滤镜"按钮 ，❷ 在弹出的下拉菜单中选择"斜角"命令。

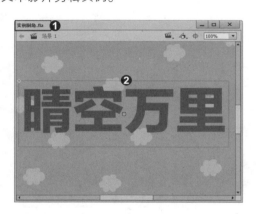

3. 设置"斜角"参数

选择"斜角"命令后，❶ 在"属性"中设置合适的斜角参数，勾选"挖空"复选框，❷ 设置出透明的浮雕字效果。

知识拓展

❶ 在"滤镜"中还可以选择"渐变斜角"命令来制作渐变斜角的浮雕效果，❷ 可以在舞台中实时预览效果。

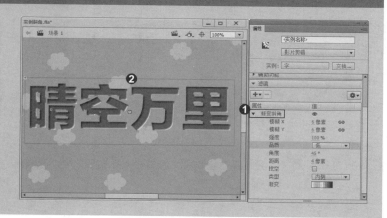

招式 140　调整实例的颜色

Q 在前面实例中介绍了形状实例的色彩，那么如何调整影片剪辑元件的色彩呢，您能教教我吗？

A 可以。在"属性"面板的"滤镜"卷展栏下选择"调增颜色"命令即可调整影片剪辑的颜色。

1. 打开文档

❶ 打开本书配备的"素材\第8章\调整颜色.fla"项目文件，❷ 在项目文件中选择蝴蝶影片剪辑实例。

2. 调整颜色

❶ 在"属性"面板中单击"滤镜"卷展栏中的"添加滤镜"按钮，在弹出的下拉菜单中选择"调整颜色"命令，在"属性"中调整合适的参数，❷ 可以在舞台中实时预览效果。

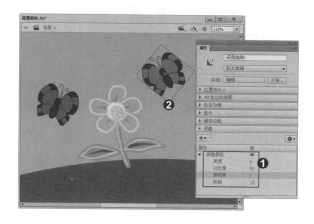

知识拓展

❶ 添加滤镜之后，在"值"的下方有一个"启用或禁用滤镜"按钮 ◉，单击该按钮，可以禁用滤镜；❷ 在"属性"中选择滤镜名称，单击"删除滤镜"按钮 ▬，可以删除当前选中的滤镜；❸ 还可以在"添加滤镜"按钮 ✚ 的下拉菜单中选择删除、启用和禁用滤镜的命令。

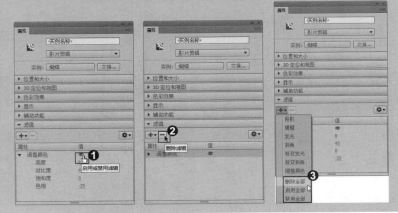

招式 141 交换实例

Q 在 Flash 中创建实例后可不可以将实例更换为另外的元件，您能教教我吗？

A 可以。

1. 打开文档

打开本书配备的"素材\第8章\冰激凌.fla"项目文件。

2. 单击"交换"按钮

在舞台中选择"猕猴桃"实例，在"属性"面板中单击"交换"按钮。

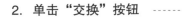

3. 选择元件

单击"交换"按钮后，❶ 弹出"交换元件"对话框。❷ 从中可以看到项目文件中的所有元件，选择需要更换的元件。

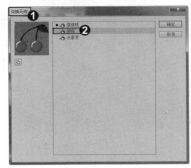

4. 更换元件

在"交换元件"对话框中单击"确定"按钮，更换的元件会在之前元件的位置上显示出来，通过改变元件的大小和位置调整出冰激凌效果。

知识拓展

凡是在"交换元件"对话框中能显示出的对象都可以进行交换，另外还可以在菜单栏中选择"修改"|"元件"|"交换元件"命令，同样也可以弹出"交换元件"对话框，对当前元件进行交换。

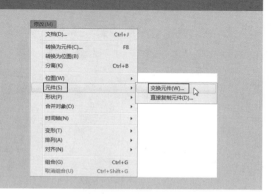

招式 142 使用 3D 定位和视图制作动画

Q 如何使用"3D 定位和视图"调整实例，您能教教我吗？

A 可以。"3D 定位和视图"的具体使用方法如下。

1. 打开文档

❶ 打开本书配备的"素材\第 8 章\蝴蝶 2.fla"项目文件，❷ 从中选择蝴蝶实例，❸ 查看当前的 X、Y、Z 坐标。

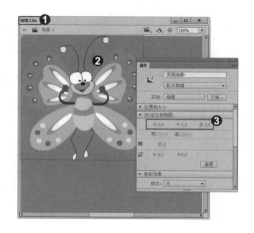

2. 制作动画

❶ 设置"透视角度" 📷 为 80，❷ 在时间轴中添加关键帧，❸ 分别调整 Z 坐标中的参数，制作一个从大到小的动画。

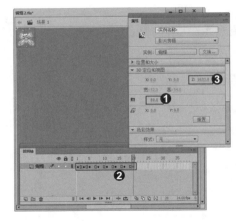

3. 翻转帧

❶ 如果想将动画由小到大进行播放，可以选择创建的关键帧，单击鼠标右键，❷ 在弹出的快捷菜单中选择"翻转帧"命令，❸ 翻转帧后，可以看到蝴蝶由小到大进行变化的效果。

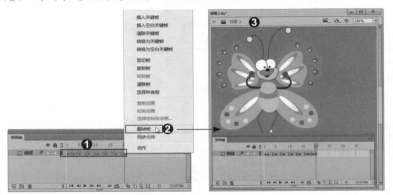

知识拓展

❶ 在"3D定位和视图"卷展栏中有一个可以控制实例的"消失点" ⌖，消失点就是在视线消失的某一处位置点，❷ 在 Flash 中通过调整消失点可以控制实例缩放，消失点的位置在 X 轴和 Y 轴的交汇处。

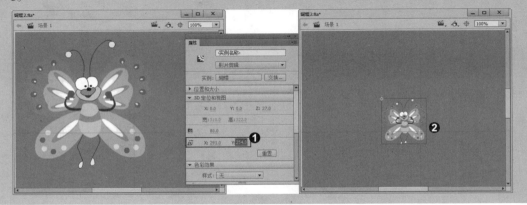

9

第 9 章

步入动画的世界

　　随着时间的推移发生的位置或外观的任何变化都称为动画，其本质是模仿生活，将生活中的一些片段通过一定的规律表现出来，使观众从中找到共鸣。它可以是项目从一个地方到另一个地方的运动，或者是颜色在一段时间中的变化。在 Flash 中，用户可以更改连续帧的内容创建动画，本章将带领大家学习动画制作原理及使用方法。

招式 143 行走的逐帧动画

Q 如何利用关键帧来制作逐帧动画，创建逐帧动画需要注意什么，您能教教我吗？

A 可以。要创建逐帧动画，需要将每个帧都定义为关键帧，然后给每一帧创建不同的形状。在逐帧动画中，Flash 会保存每个完整帧的值，这是最基本的、最直接的动画形式。

1. 打开文档

打开本书配备的"素材\第 9 章\行走的动画 .fla"项目文件。

2. 插入帧

在"时间轴"面板中选择"图层 1"和"图层 2"的第 20 帧，按 F5 键插入帧。

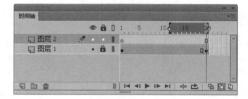

3. 添加实例

❶ 选择"图层 2"，并选择第 1 帧，❷ 在"库"面板中拖曳"人 1"到项目文件舞台中，❸ 调整实例到合适的位置和大小。

4. 添加"人 2"

❶ 选择"图层 2"的第 5 帧，按 F7 键添加空白关键点，❷ 在"库"面板中将"人 2"拖曳到项目文件舞台中，❸ 调整实例的大小和位置。

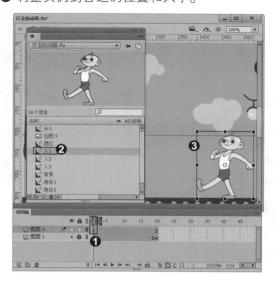

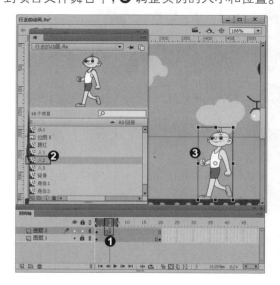

5. 添加"人 3"　

❶ 选择"图层 2"，并选择第 10 帧，❷ 在"库"面板中拖曳"人 3"到项目文件舞台中，❸ 调整实例到合适的位置和大小。

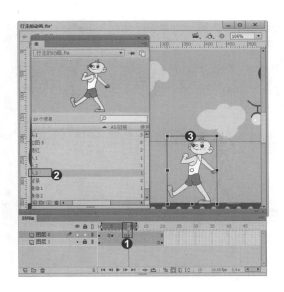

6. 添加"人 2"

❶ 选择"图层 2"的第 15 帧，按 F7 键添加空白关键点，❷ 在"库"面板中将"人 2"拖曳到项目文件舞台中，❸ 调整实例的大小和位置。

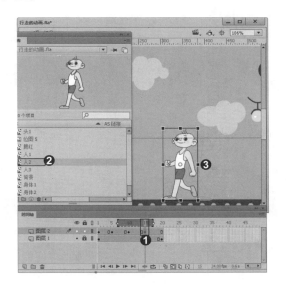

7. 添加"人 1"

❶ 选择"图层 2"，并选择第 20 帧，❷ 在"库"面板中拖曳"人 1"到项目文件舞台中，❸ 调整实例到合适的位置和大小。

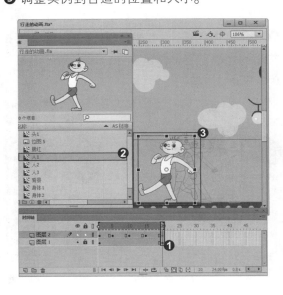

8. 输出预览动画

将制作完成的动画进行"另存为"操作，保存文档后，按 Ctrl+Enter 快捷键输出影片，预览动画。

 知识拓展

逐帧动画是比较常用的动画表现形式，也就是一帧一帧地将动作的每个细节都表现出来。虽然这是一件比较吃力的工作，但是使用一些技巧能够减少一定的工作量。

（1）循环法：循环法是最常用的动画表现方法，将一些动作简化成由只有几帧，甚至二三帧的逐帧动画组成的影片剪辑，利用影片剪辑的循环播放特性来表现一些动画。如眨眼、头发和衣服的飘动、说话等，这种循环的逐帧动画要注意"节奏"，做好了就能取得意想不到的效果。

（2）节选渐变法：在表现一个"缓慢"的动作时，例如抬头、挥手，用逐帧动画就显得很复杂。可以考虑在整个动作中节选几个关键的帧，然后用渐变或闪现的方法来表现出整个动作。

（3）再加工法：借助于参照物或简单的变形加工，可以得到复杂的动画。

（4）遮蔽法：该方法的中心思想就是将复杂动画的部分遮住，而具体的遮蔽物可以是位于动作主体前面的东西，也可以是影片的宽度限制等。

★★★★★ **招式 144** 使用形状补间制作文字变形

Q 制作动画时如何将两个形状之间进行转换，除了使用关键帧之外，还可以创建切换时变形的动画吗，您能教教我吗？

A 可以。创建形状补间动画就是基于所选的两个关键帧中的矢量图形存在形状、色彩、大小等的差异而创建的动画关系，在两个关键帧之间插入逐渐变化的形状显示。和动画补间不同，形状补间动画中两个关键帧中的内容主体必须处于分离状态，独立的图形元件不能创建形状补间动画。

1. 打开文档

打开本书配备的"素材 \ 第 9 章 \ 文字变形动画 .fla"项目文件，在该项目文件中包含有两个图层，其中"图层 1"为背景图层。

2. 创建文本

❶ 在工具箱中选中"文本工具"按钮 T，❷ 在舞台中创建文本，在"属性"面板中设置文本的大小和字体以及颜色，前提是当前图层为"图层 2"。

3. 延长动画时间

　　在"时间轴"中，选择"图层 1"和"图层 2"的第 20 帧，按 F5 键插入帧。

4. 创建文本

　　❶ 在"图层 2"的第 10 帧，按 F7 键插入空白关键帧，❷ 使用"文本工具"按钮 T 在舞台中继续创建文本。

5. 分离文本

　　选择第 1 帧，并选择舞台中的文本，按两次 Ctrl+B 快捷键，将文本分离为形状。

6. 继续分离文本

　　选择第 10 帧，并选择舞台中的文本，按两次 Ctrl+B 快捷键，将文本分离为形状。

7. 创建补间形状

　　❶ 选择第 1 帧，用鼠标右键单击关键帧，在弹出的快捷菜单中选择"创建补间形状"命令。
❷ 创建补间形状之后，可以拖动关键点的位置延长动画，完成补间形状。

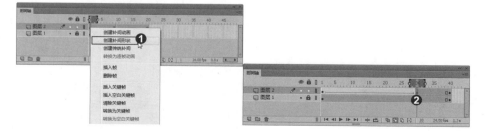

8. 输出动画

按 Ctrl+Enter 快捷键输出动画影片，从最终完成的动画效果可以看到中间过渡期的补间形状效果。

知识拓展

创建补间形状动画后，选择补间动画中的任意帧，❶ 在"属性"面板中可以看到"补间"的"混合"方式有两种，默认为"分布式"。如果选择了"角形"选项，关键帧之间的动画形状会保留明显的角和直线，❷ 为默认的"分布式"，❸ 为"角形"。

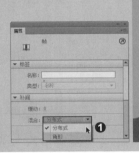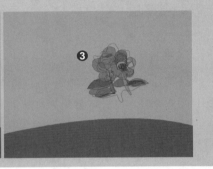

招式 145 使用形状提示制作形状补间

Q 在 Flash 中使用形状补间动画制作变形动画时，如果对系统自动生成的过渡动画不满意，能不能手动调整过渡动画，使变形按照自己设想的方式进行，您能教教我吗？

A 可以。使用"添加形状提示"命令添加关键帧提示，根据关键帧提示的状态，在两个关键帧之间自动生成形状补间动画的过渡帧。

1. 打开文档

打开本书配备的"素材\第9章\形状提示.fla"项目文件。

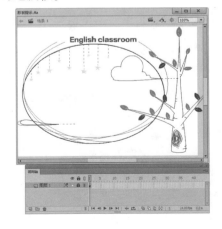

2. 创建文本

❶ 在"时间轴"面板中新建"图层 2"，使用"文本工具"按钮 Ｔ，❷ 在舞台中创建文本，选择文本并按两次 Ctrl+B 快捷键分离文本为形状。

3. 插入帧

选择"图层 1"和"图层 2"的第 40 帧，按 F5 键插入帧，延长动画显示到 40 帧。

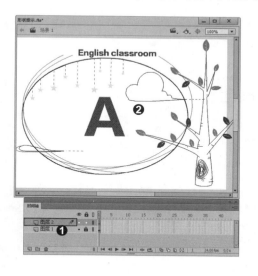

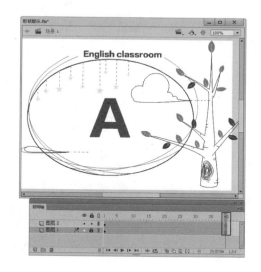

4. 插入空白关键帧

❶ 在"图层 2"的第 30 帧按 F7 键，插入空白关键帧，❷ 使用"文本工具"按钮 Ｔ，在舞台中创建文本，选择文本按两次 Ctrl+B 快捷键分离文本为形状。

5. 插入关键帧

选择"图层 2"的第 10 帧，按 F6 键插入关键帧，使 A 在 0 到 10 帧之间正常显示。

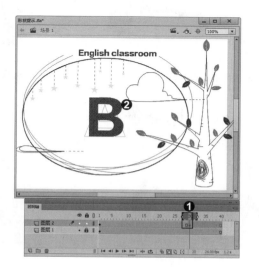

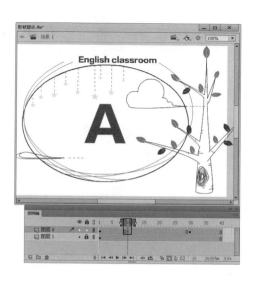

6. 创建补间形状

　　选择第 10 帧的关键帧，单击鼠标右键，在弹出的快捷菜单中选择"创建补间形状"命令，创建补间动画。

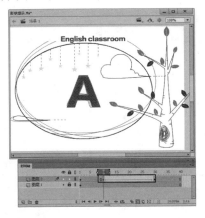

7. 添加形状提示

　　在菜单栏中选择"修改"｜"形状"｜"添加形状提示"命令。

8. 调整形状提示

　　添加形状提示后，在舞台中显示形状提示，可以调整形状提示的位置。

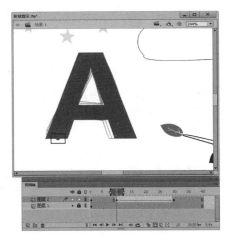

9. 添加形状提示

　　继续在菜单栏中选择"修改"｜"形状"｜"添加形状提示"命令，可以继续添加形状提示和调整形状提示的位置。

10. 输出影片

　　添加形状提示后，按 **Ctrl+Enter** 快捷键输出影片，可以预览形状提示动画。

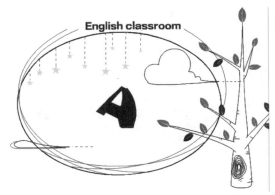

专家提示

　　添加形状提示之后，如需再次添加形状提示也可以选择形状提示，单击鼠标右键，在弹出的快捷菜单中选择"添加提示"命令，同样可以继续添加提示。

知识拓展

　　添加形状提示之后，要删除形状提示，可以在形状提示上单击鼠标右键，在弹出的快捷菜单中选择"删除提示"命令，即可删除选中的提示，又或者选择"删除所有提示"命令，可以删除所有的形状提示。

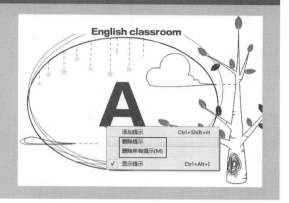

招式 146　创建传统补间动画

Q 在 Flash 中如何创建移动的动画，您能教教我吗？

A 可以。可以使用"创建传统补间"命令来制作动画。

1. 打开文档

　　打开本书配备的"素材＼第 9 章＼海马 2.fla"项目文件。

2. 添加帧

　　选择"图层 1"作为背景的图层，选择第 50 帧，按 F5 键插入帧，延长动画显示到第 50 帧。

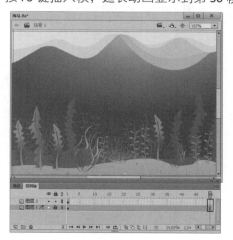

3. 创建关键帧

❶ 选择"图层 1"，在第 50 帧位置按 F6 键插入关键帧，❷ 调整第 50 帧处海马的位置。

4. 创建传统补间

选择"图层 1"的第 1 帧，用鼠标右键单击关键帧，在弹出的快捷菜单中选择"创建传统补间"命令。

5. 绘图纸外观轮廓

❶ 创建传统补间动画之后，在洋葱皮工具中单击"绘图纸外观轮廓"按钮，❷ 可以预览动画轮廓。

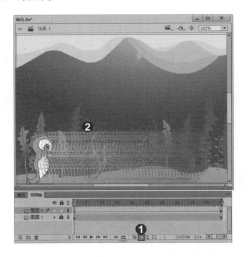

6. 输出影片

将制作完成的动画进行"另存为"操作，并按 Ctrl+Enter 快捷键输出影片，预览动画。

知识拓展

❶ 打开本书配备的"素材\第 9 章\泡泡 .fla"项目文件，在该项目文件中"图层 3"是创建的泡泡传统补间动画，❷ 在"属性"面板的"补间"卷展栏中设置"缓动"值为 −100，这里的"缓动"主要用于设置动画的快慢速度，值为 −100~100，可以在文本框中直接输入数字。设置为 100 的动画先快后慢，设置为 −100 的动画先慢后快，期间的数字按照 −100~100 的变化趋势逐渐变化。

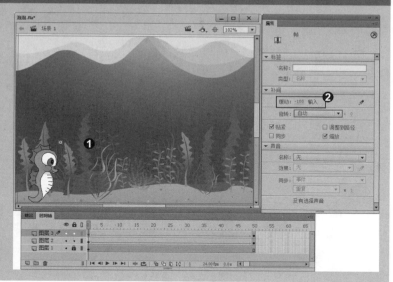

招式 147　创建旋转动画补间

Q 在 Flash 中如何创建旋转动画，您能教教我吗？

A 可以。使用"传统补间动画的属性"面板中的"旋转"即可创建旋转动画，具体操作如下：

1. 打开文档

打开本书配备的"素材\第 9 章\风车 .fla"项目文件，下面将分别为该项目文件中的两个风车制作转动的动画。

2. 插入关键帧

❶ 在"时间轴"面板中选择"风车 1"和"风车 2"两个图层，选择第 55 帧，按 F6 键插入关键帧，并选择"风车 2"图层，❷ 用鼠标右键单击第 1 帧，在弹出的快捷菜单中选择"创建传统补间"命令。

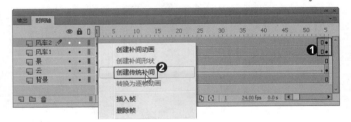

3. 设置"旋转"

❶ 创建"风车 2"图层的传统补间动画之后，选择"风车 2"的第 1 帧，❷ 在"属性"面板的"补间"卷展栏中设置"旋转"方向为"顺时针"，设置圈数为 5。

4. 设置另外一个风车的"旋转"

按照同样的方法，制作"风车 1"的旋转动画，为了区别两个风车动画，使其不同步可以设置其旋转的圈数为 6。

5. 输出影片

保存制作完成的动画，按 Ctrl+Enter 快捷键输出影片，可以在洋葱皮工具中单击"绘图纸外观"按钮，在舞台中预览旋转动画。

知识拓展

如需制作相同的多个旋转对象，可以使用"影片剪辑"元件，例如 ❶ 我们创建花朵旋转的影片剪辑元件，在元件舞台中创建花朵，并将其组合，❷ 组合之后选择"创建传统补间"命令，设置传统补间动画，❸ 设置合适的旋转参数；❹ 创建完成影片剪辑元件后，进入"场景"舞台中，添加花朵还可以对其设置落花的传统补间动画，这里就不详细介绍了。

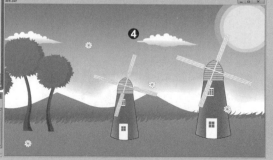

★★★★★
招式 **148** 创建补间动画

Q 在 Flash 中可不可以更改运动轨迹的弧度获取更多的动画效果，您能教教我吗？

A 可以。使用"创建补间动画"即可制作具有弧型轨迹的动画效果。

1. 打开文档

　　打开本书配备的"素材 \ 第 9 章 \ 气球 .fla"
项目文件。

2. 将气球放置到舞台中

　　❶ 在"库"面板中选择"气球"元件，❷ 按
住鼠标左键将其拖曳到舞台中。

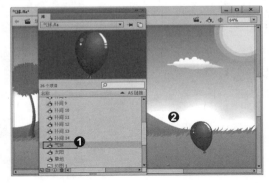

3. 创建补间动画

　　❶ 将气球元件放置到"图层 1"中，在第 1
帧单击鼠标右键，❷ 在弹出的快捷菜单中选择
"创建补间动画"命令。

4. 移动元件

　　❶ 选择"图层 1"的第 55 帧，❷ 在舞台中
移动气球元件，可以看到一条虚线作为运动
轨迹。

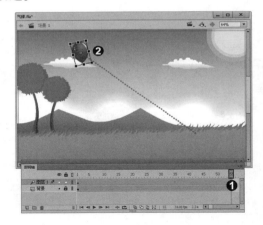

5. 调整运动轨迹

　　❶ 移动播放头到第 25 帧，❷ 使用"选择
工具"按钮 调整运动轨迹为弧形。

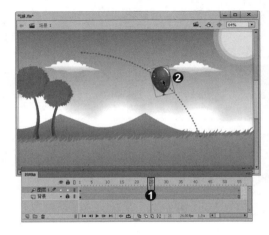

6. 输出影片

保存制作完成的动画，按 **Ctrl+Enter** 快捷键输出影片，可以看到气球是根据运动轨迹进行运动的。

知识拓展

打开项目文件"流星.fla"，使用"创建补间动画"命令可以创建任意形状的轨迹动画，另外在"属性"面板的"旋转"卷展栏中勾选"调整到路径"复选框，可以使图形跟随路径的方向进行倾斜或旋转。

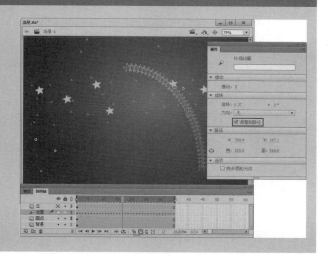

 招式 149 删除补间动画

Q 创建补间动画后，如何将补间动画删除，您能教教我吗？

A 可以。只需选择需要删除的补间动画，单击鼠标右键，从弹出的快捷菜单中选择"删除补间"命令即可，具体操作如下。

1. 删除补间

在创建有"传统补间动画"的开始帧位置单击鼠标右键，在弹出的快捷菜单中选择"删除补间"命令。

2. 删除补间后的效果

　　选择"删除补间"命令后，可以看到补间被删除了。

知识拓展

　　删除传统补间动画与删除补间动画的操作相同，只是在删除动画时，"删除补间"命令会变为"删除动作"命令，其实作用是一样的。

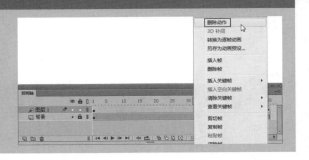

招式 150 转换为逐帧动画

Q 能不能将补间动画转换为逐帧动画呢，您能教教我吗？

A 可以。只需使用"转换为逐帧动画"命令即可。

1. 转换为逐帧动画

　　在创建有补间动画的位置，单击鼠标右键，在弹出的快捷菜单中选择"转换为逐帧动画"命令。

2. 转换为逐帧动画后的效果

　　选择"转换为逐帧动画"命令后，可以看到转换为逐帧动画后的关键帧效果。

知识拓展

　　将补间动画转换为关键帧动画后，转换为关键帧后的文档容量会增大，所以建议在制作较大的动画场景时尽量避免将补间动画转换为关键帧动画，如图所示将补间动画转换为关键帧动画后一个小动画场景增加了 4KB。

Q 在 Flash 中有没有一个工具或命令可以使一个对象沿着一条任意路径进行运动，您能教教我吗？

A 可以。使用引导层即可创建一条路径，使其形状跟随该路径进行运动。

1. 打开文档

❶ 打开本书配备的"素材 \ 第 9 章 \ 小蜜蜂 .fla"项目文件，❷ 在项目文件中可以看到蜜蜂元件位于单独的"蜜蜂"图层。

2. 添加传统运动引导层

❶ 在"图层"面板中选择"蜜蜂"图层，单击鼠标右键，❷ 在弹出的快捷菜单中选择"添加传统运动引导层"命令。

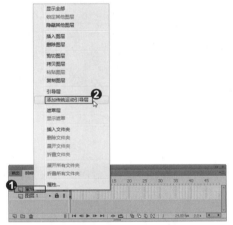

3. 绘制引导路径

创建引导层后，❶ 在工具箱中选择"铅笔工具"按钮 ✏️，❷ 在引导层上创建蜜蜂的运动路径。

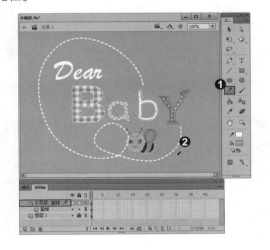

4. 延长动画

选择三个图层的第 100 帧，按 F5 键添加帧，延长形状的显示。

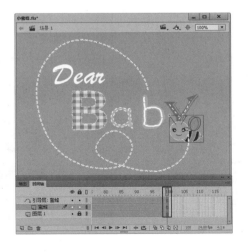

5. 调整蜜蜂的开始位置

❶ 选择"蜜蜂"图层,选择图层的第 1 帧,❷ 在舞台中将其移动到曲线的开始处,注意蜜蜂的中心点要与曲线开始端重合。

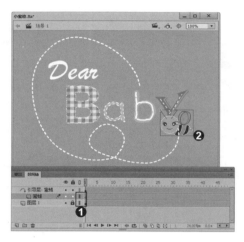

6. 调整蜜蜂的结束位置

❶ 选择"蜜蜂"图层,选择图层的第 100 帧,按 F6 键插入关键帧,❷ 在舞台中将其移动到曲线的结束处,注意蜜蜂的中心点要与曲线结束端重合。

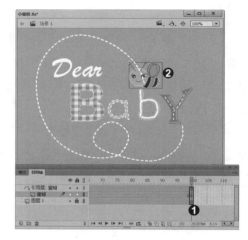

7. 创建传统补间

选择"蜜蜂"图层,选择图层的第 1 帧,单击鼠标右键,在弹出的快捷菜单中选择"创建传统补间"命令。

8. 存储和输出动画

将制作完成的动画进行存储,并按 Ctrl+Enter 快捷键输出动画影片,完成最终动画。

知识拓展

使用"引导层"命令可以将当前图层转换为引导层,转换引导层后的图层前将出现 图标,为引导层添加作用层后, 图标将会更改为 图标;而"添加传统运动引导层"命令可以在当前图层的上方添加一个引导层。无论如何创建引导层,引导层中的线条将会是路径,直接影响作用层。

★★★★☆ 招式 152 遮罩动画

Q 在 Flash 中如何使形状遮挡住另外的形状，并进行动画设置，您能教教我吗？

A 可以。使用遮罩图层即可创建遮挡动画，要创建遮罩动画，需要创建两个图层，一个是遮罩图层，另一个是被遮罩图层。如果要创建动态效果，可以让遮罩图层动起来。对于遮挡的填充形状，可以使用补间形状；对于文字的对象、图形实例或影片剪辑，也可以使用补间动画。

1. 打开文档

打开本书配备的"素材 \ 第 9 章 \ 风景 .fla"项目文件。

2. 创建形状

❶ 在"图层"面板中新建"图层 2"，❷ 在舞台中创建圆形。

3. 转换为元件

在舞台中选择创建的圆形，按 F8 键，在弹出的"转换为元件"对话框中设置"名称"为"圆"，设置"类型"为"影片剪辑"。

4. 调整圆的大小

在舞台中选择圆实例，使用"任意变形工具"按钮 ，在舞台中调整圆，使其充满整个舞台。

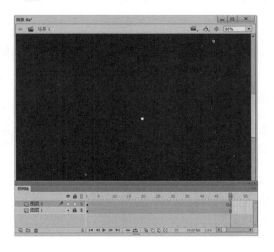

5. 创建传统补间

❶ 在"图层"面板中选择"图层 2"的第 1 帧，单击鼠标右键，❷ 在弹出的快捷菜单中选择"创建传统补间"命令。

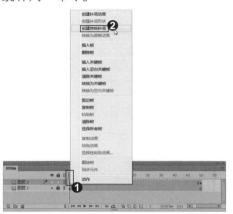

6. 转换为遮罩层

❶ 在舞台中选择"图层 2"，在该图层上单击鼠标右键，❷ 在弹出的快捷菜单中选择"遮罩层"命令。

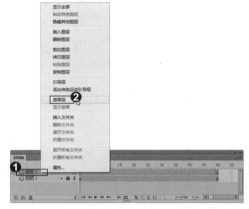

7. 存储和输出动画

将制作完成的动画进行存储，按 Ctrl+Enter 快捷键，输出动画影片，完成最终效果。

知识拓展

要创建遮罩层，可以将遮罩项目放在用作遮罩的层上。和填充或笔触不同，遮罩项目像是窗口，透过它可以看到位于它下面的链接层区域。除了透过遮罩项目显示的内容之外，其余的所有内容都要被遮罩层的其余部分隐藏起来。在遮罩动画的过程中需要注意以下三点。

1. 一个遮罩层只能包含一个遮罩项目。
2. 不能将一个遮罩应用于另一个遮罩。
3. 一个遮罩层可以同时遮罩几个图层，从而产生各种特殊效应。

招式 153 使用动画预设制作弹跳球

Q 在 Flash 中如何为实例设置跳跃动画效果，您能教教我吗？

A 可以。使用"动画预设"中的"跳跃"动画即可。

1. 打开文档

打开本书配备的"素材\第9章\弹跳球.fla"项目文件。

3. 设置"小幅度跳跃"效果

❶ 在舞台中选择球体按钮元件，在"动画预设"面板中选择"默认预设"栏的"小幅度跳跃"效果，在预览窗中可以预览当前按钮元件的运动效果。❷ 单击"应用"按钮。

5. 调整动画

添加动画预设之后，使用"选择工具"按钮 ▶，可以在舞台中调整预设动画的位置和运动轨迹。

2. 转换为元件

❶ 在舞台中选择球体，按 F8 键，❷ 在弹出的"转换为元件"对话框中命名"名称"为"球体"，选择元件"类型"为"按钮"，❸ 单击"确定"按钮。

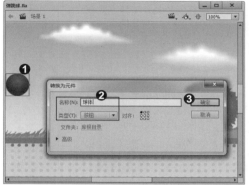

4. 设置动画预设

在"动画预设"中单击"应用"按钮后，可以将动画的预设应用到当前的按钮元件上，运动轨迹也会相应的显示出来。

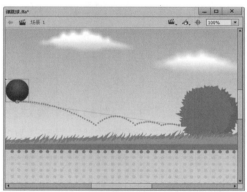

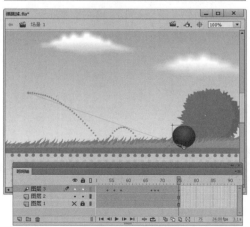

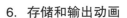

6. 存储和输出动画

将制作完成的动画进行存储，按 Ctrl+Enter 快捷键，输出动画影片，完成最终效果。

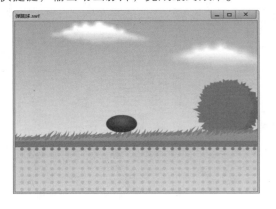

知识拓展

在动画预设中可以看到还有许多跳跃的动画预设，通过选择不同的效果和单击"应用"按钮即可设置出实例的动画效果，设置动画预设之后，还可以在舞台中对其进行编辑。

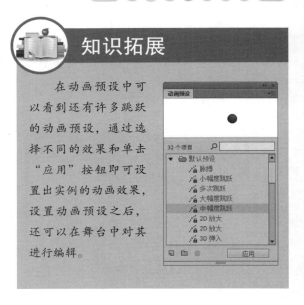

招式 154 使用动画预设制作运动模糊

Q 在 Flash 中能不能制作运动模糊的动画，您能教教我吗？

A 可以。使用"动画预设"中的"模糊飞入"动画即可。

1. 打开文档

打开本书配备的"素材\第9章\运动模糊.fla"项目文件，在该项目文件中纸飞机为按钮元件实例。

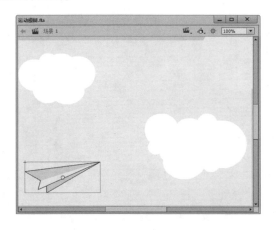

2. 选择"模糊"动画

❶ 选择纸飞机实例，在"动画预设"中选择"从左边模糊飞入"动画，❷ 单击"应用"按钮。

3. 设置模糊参数

❶ 选择纸飞机实例，❷ 在"属性"面板中设置"模糊 X"为 10 像素、"模糊 Y"为 0 像素。

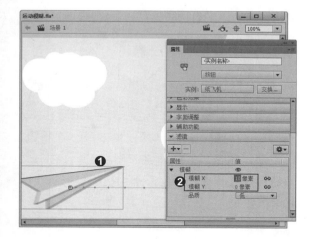

4. 调整运动路径

在舞台中选择纸飞机，通过移动播放头的位置，调整路径的形状。

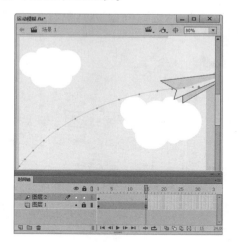

5. 存储和输出动画

将制作完成的动画进行存储，按 Ctrl+Enter 快捷键输出动画影片，完成最终效果。

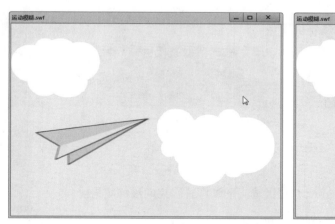
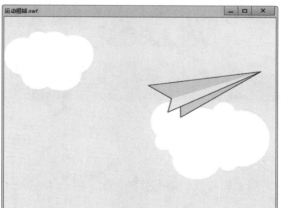

知识拓展

运动模糊动画的制作其实就是制作补间动画，然后对运动中的实例设置"模糊"的参数。设置模糊的关键点是对其设置模糊动画，这里就不详细介绍了。

招式 **155** 使用动画预设制作脉搏运动

Q 在 Flash 中如何简单地制作放大和缩小的脉搏动画效果呢，您能教教我吗？

A 可以。使用"动画预设"中的"脉搏"动画即可。

1. 打开文档

打开本书配备的"素材 \ 第 9 章 \ 欢迎动画 .fla"项目文件，在项目文件中文字为影片剪辑元件。

2. 选择"脉搏"动画

❶ 在项目文件舞台中选择文字实例，在"动画预设"中选择"脉搏"动画，单击"应用"按钮，应用动画预设后，❷ 选择"图层 1"，在与文本动画长度一样的位置添加帧，延长形状在动画中的显示。

3. 存储和输出动画

将制作完成的动画进行存储，按 Ctrl+Enter 快捷键输出动画影片，完成最终效果。

 知识拓展

　　脉搏的动画效果如果不使用"动画预设"，还可以通过缩放对象创建关键帧，并在关键帧之间创建补间动画。

招式 **156** 使用动画预设制作 3D 弹出

 如何制作球体由近及远的投出效果呢，您能教教我吗？

A 可以。使用"动画预设"中的"3D 弹出"动画即可。

1. 打开文档

　　打开本书配备的"素材 \ 第 9 章 \3D 弹出 .fla"项目文件，在项目文件中选择篮球。

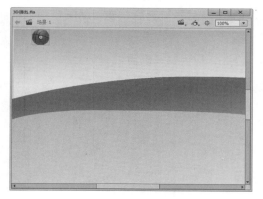

2. 选择 "3D 弹出"

　　❶ 在"动画预设"面板中选择"3D 弹出"动画，❷ 单击"应用"按钮。

3. 应用 3D 弹出

　　应用"3D 弹出"后可以在舞台和"时间轴"面板中发现制作的动画效果。

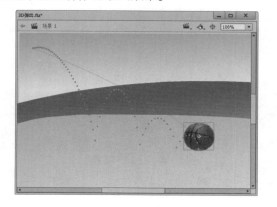

4. 存储并输出影片

　　将制作完成的项目文件进行存储，按 **Ctrl+Enter** 快捷键预览影片。

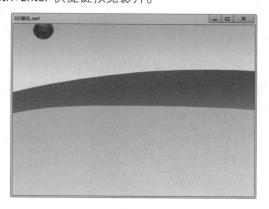

知识拓展

前面讲述了"3D弹出"的效果，这种效果是由近及远、由大变小的弹跳效果；另外"动画预设"面板中还有一个"3D弹入"效果，该效果是由小到大、由远到近的弹跳动画效果，如果要使用"3D弹入"动画只需单击"应用"按钮，即可应用动画预设到当前的选择对象上。

招式 157　使用动画预设制作飞入和飞出

Q 在 Flash 中如何制作快速飞入和快速飞出的动画，您能教教我吗？

A 可以。使用"动画预设"中的飞入和飞出动画即可。

1. 打开文档

❶ 打开本书配备的"素材\第9章\飞入和飞出.fla"项目文件，❷ 在项目文件中选择创建的文本影片剪辑实例。

2. 设置动画预设

❶ 选择文本实例后，在"动画预设"面板中选择"飞入后停顿再飞出"动画，❷ 单击"应用"按钮，应用预设到当前实例上。

3. 调整动画

添加动画后，选择作为背景图像的所在图层，选择第45帧，按F5键添加帧，延长动画显示，与预设动画时长相同即可。

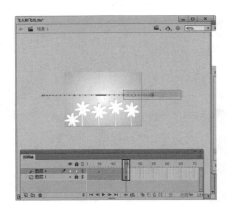

第9章 步入动画的世界

4. 存储和输出动画

将制作完成的动画进行存储，按 Ctrl+Enter 快捷键输出动画影片，完成最终效果。

 知识拓展

在 Flash 中使用补间动画和模糊效果制作飞入和飞出动画相对来说复杂一些，使用"动画预设"中的预设动画可以制作出常用的一些动画效果，前提是"动画预设"中的动画只针对按钮元件和影片剪辑元件。

招式 158 使用动画预设制作快速移动

Q 如何在 Flash 中制作快速移动的动画，您能教教我吗？

A 可以。使用"动画预设"中的"快速移动"动画即可。

1. 打开文档

打开本书配备的"素材 \ 第 9 章 \ 快速移动 .fla"项目文件，在项目文件中选择图像。

2. 选择"快速移动"

❶ 在"动画预设"面板中选择"快速移动"动画，❷ 单击"应用"按钮。

3. 应用快速移动

应用"快速移动"后可以在舞台和"时间轴"中发现制作的动画效果。

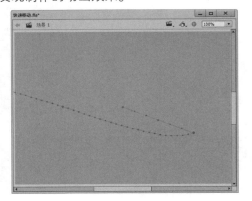

4. 存储并输出影片

将制作完成的项目文件进行存储，按 Ctrl+Enter 快捷键预览影片。

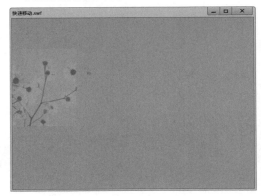

知识拓展

如果该动画的运动轨迹不是你需要的，可以使用"选择工具"按钮 ▶，通过在舞台中调整运动轨迹的锚点来改变运动轨迹。

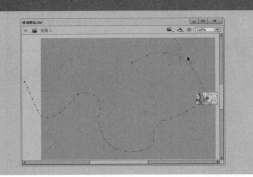

招式 159 使用动画预设制作波形动画

Q 如何在 Flash 中快速制作波形的动画，您能教教我吗？

A 可以。可以使用引导层创建波形动画，还可以使用"动画预设"中的"波形"动画快速制作波形动画。使用"动画预设"中的"波形"动画制作动画的操作如下。

1. 打开文档

打开本书配备的"素材\第9章\波形动画.fla"项目文件，在项目文件中选择图像。

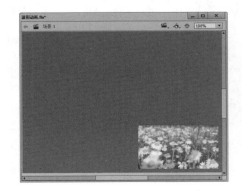

2. 选择"波形"动画

❶ 在"动画预设"面板中选择"波形"动画预设，❷ 单击"应用"按钮。

4. 存储并输出影片

将制作完成的项目文件进行存储，按 Ctrl+Enter 快捷键预览影片。

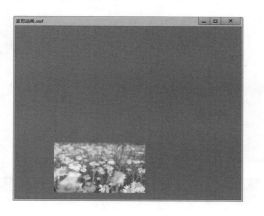

3. 应用波形动画

应用"波形"动画后可以在舞台和"时间轴"面板中发现制作的动画效果。

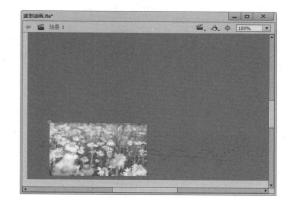

知识拓展

除了使用"动画预设"中的"波形"动画快速制作波形动画外，还可以使用引导层配合"创建传统补间"命令来制作波形动画。

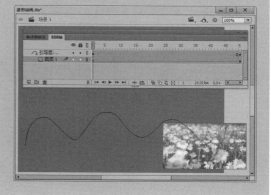

招式 160　使用动画预设制作烟雾动画

Q 如何在 Flash 中制作烟雾动画效果，您能教教我吗？

A 可以。使用"动画预设"中的"烟雾"动画即可。

1. 打开文档

❶ 打开本书配备的 "素材 \ 第 9 章 \ 烟雾效果 .fla" 项目文件，❷ 在项目文件中选择文本，可以看到该项目文件中创建有关键帧，选择第 10 帧。

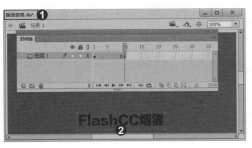

2. 选择 "烟雾"

❶ 在 "动画预设" 面板中选择 "烟雾" 动画预设，❷ 单击 "应用" 按钮。

3. 应用烟雾动画

应用 "烟雾" 动画后可以在舞台和 "时间轴" 面板中发现制作的动画效果。

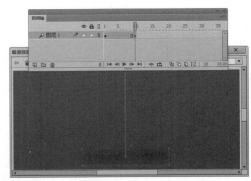

4. 存储并输出影片

将制作完成的项目文件进行存储，按 Ctrl+ Enter 快捷键预览影片。

知识拓展

利用移动的 "创建传统补间" 动画, 结合使用 "滤镜" | "模糊" 效果, 可以制作出烟雾飘散的文本效果。

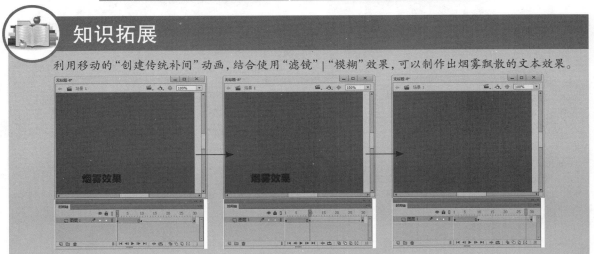

招式 161　使用滤镜制作流动的阴影

Q 在 Flash 中能否为阴影设置动画，您能教教我吗？

A 可以。使用"属性"面板中的"滤镜"卷展栏下的"阴影"即可设置阴影效果，结合使用传统补间动画制作流动的阴影动画，具体操作如下。

1. 打开文档

打开本书配备的"素材\第9章\流动的阴影.fla"项目文件，在舞台中 Flash CC 字样是影片剪辑元件，下面将该文字实例设置阴影。

2. 设置阴影

❶ 在舞台中选择文字实例，选择第 1 帧，❷ 在"属性"卷展栏中单击"滤镜"中的"添加滤镜"按钮 ，在弹出的下拉菜单中选择"阴影"命令，设置阴影的"角度"为 0、"距离"为 -24。

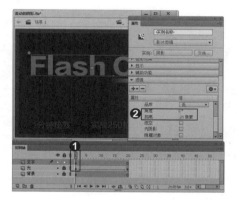

3. 修改阴影参数

选择文字的第 20 帧，按 F6 键插入关键帧，修改阴影的"角度"为 180、"距离"为 -24。

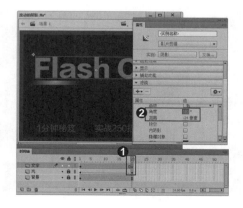

4. 创建传统补间

设置阴影后，在"文字"图层中任意帧的位置单击鼠标右键，在弹出的快捷菜单中选择"创建传统补间"命令。

5. 存储和输出动画

将制作完成的动画进行存储，按 **Ctrl+Enter** 快捷键输出动画影片，完成最终效果。

知识拓展

　　设置阴影属性的动画时，还可以通过设置投影的"模糊 X"和"模糊 Y"来制作从模糊到清晰的阴影动画，具体动画操作可以参照流动的阴影制作方法，这里就不详细介绍了。

招式 162 使用滤镜设置颜色变化动画

Q 在 **Flash** 中如何制作颜色变化的动画，您能教教我吗？

A 可以。使用"滤镜"中的"调整颜色"命令即可。

1. 打开文档

　　打开本书配备的"素材 \ 第 9 章 \ 转动的蝴蝶 .fla"项目文件，在项目文件中蝴蝶实例是旋转的影片剪辑元件。

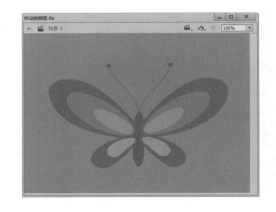

2. 设置"调整颜色"

❶ 在舞台中选择蝴蝶实例，在图层中选择第 15 帧，按 F6 键插入关键帧，❷ 在"属性"面板中单击"滤镜"卷展栏中的"添加滤镜"按钮 **+▾**，在弹出的下拉菜单中选择"调整颜色"命令，设置合适的"色相"参数。

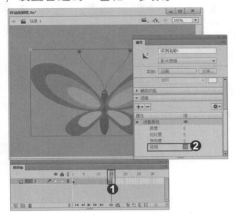

3. 继续设置"调整颜色"

❶ 在图层中选择 30 帧，按 F6 键插入关键帧，❷ 在"属性"面板中单击"滤镜"卷展栏中的"添加滤镜"按钮 **+▾**，在弹出的下拉菜单中选择"调整颜色"命令，设置合适的"色相"参数。

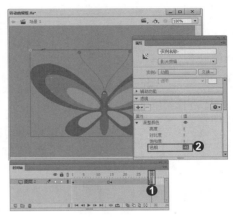

4. 创建传统补间

在图层中"调整颜色"的关键帧上单击鼠标右键，在弹出的快捷菜单中选择"创建传统补间"命令，创建第 1 ~ 15 和第 16 ~ 30 帧的传统补间动画。

5. 存储和输出动画

将制作完成的动画进行存储，按 Ctrl+Enter 快捷键输出动画影片，完成颜色变化的动画效果。

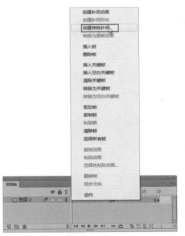

知识拓展

除了使用滤镜来设置颜色动画外，还可以使用"色彩效果"卷展栏中的各种参数来设置动画，只需结合使用"创建传统补间"动画即可。

招式 163 使用滤镜设置模糊动画

Q 在 Flash 中如何制作模糊效果的动画，您能教教我吗？

A 可以。使用"滤镜"中的"模糊"动画即可。

1. 打开文档

打开本书配备的"素材\第9章\白鹤.fla"项目文件，在项目文件中白鹤实例为影片剪辑元件。

2. 设置模糊

❶ 在舞台中选择白鹤实例，选择"图层3"的第50帧，❷ 在"属性"面板中单击"滤镜"中的"添加滤镜"按钮，在弹出的下拉菜单中选择"模糊"命令，设置"模糊X"和"模糊Y"的参数均为2。

3. 继续设置模糊

❶ 选择"图层 3"的第 1 帧，在舞台中选择白鹤实例，❷ 在"属性"面板中单击"滤镜"中的"添加滤镜"按钮 ，在弹出的下拉菜单中选择"模糊"命令，设置"模糊 X"和"模糊 Y"的参数均为 1。

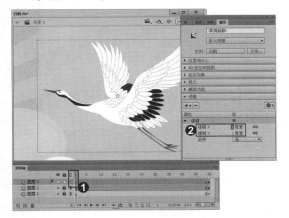

4. 创建传统补间

选择"图层 3"在关键帧上单击鼠标右键，在弹出的快捷菜单中选择"创建传统补间"命令。

5. 存储和输出动画

将制作完成的动画进行存储，按 Ctrl+Enter 快捷键，输出动画影片，完成运动模糊的动画效果。

知识拓展

利用模糊可以制作出许多的运动或者远景的模糊效果，是一个非常实用的滤镜效果，同样使用滤镜中的"发光""斜角"等滤镜，通过调整参数也可以制作出丰富多彩的滤镜效果动画，这里就不详细介绍了。

招式 **164** 添加自定义的动画预设

Q 如何在 Flash 中修改动画预设的效果，并将修改后的动画存储为预设的动画，您能教教我吗？

A 可以。使用"将预设另存为"对话框即可。

1. 调整动画预设

在舞台中如果调整了动画预设的路径和参数，想要将该动画效果存储为"动画预设"，首先要选择动画对象。

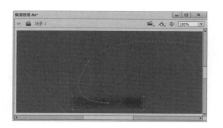

2. 将动画存为预设动画

❶ 在"动画预设"面板中单击"将选区另存为预设"按钮 ，❷ 弹出"将预设另存为"对话框，在预设名称框中命名名称，单击"确定"按钮。

3. 查看存储的预设

将对象存储为动画之后，在"动画预设"面板中可以查看到"自定义预设"中的相应动画，要使用该预设动画时，只需选择该动画预设，单击"应用"按钮即可将存储的预设动画应用到需要设置的对象上。

知识拓展

在"动画预设"面板中除了可以存储动画预设之外，还可以"新建文件夹" 📁，用来存储常用的动画预设，想要删除不需要的动画预设可以单击"删除项目"按钮 🗑，即可将选择动画预设删除。

10

第 10 章

使用模板创建动画

自从 Flash MX 中推出的模板功能大受欢迎后，Flash CC 在其基础上对模板进行了进一步的完善，不仅使原有的模板外表更加美观，使用功能更加强大，还增加了许多新的模板，使一些影片的制作得到了简化。

模板实际上是已经编辑完成、具有完整影片构架的文件，并拥有强大的互动扩充功能。使用模板创建新的影片文件，只需要根据原有构架对影片中的可编辑元件进行修改或更换，就可以便捷、快速地创作出精彩的互动影片。

招式 **165** 使用范例文件中的 Alpha 遮罩层范例

Q 如何使用范例文件中的 Alpha 遮罩层范例制作动画，与普通的遮罩动画是不是一样，您能教教我吗？

A 可以。使用范例文件中的 Alpha 遮罩层范例模板制作遮罩动画，相对于使用普通的遮罩动画来说，模板是相对简单的一种方式，如果范例文件遮罩范例达不到要求时，您也可以使用遮罩来制作动画，下面我们将介绍 Alpha 遮罩层范例的使用。

1. 选择模板

运行 Flash 软件后，在欢迎界面中选择"模板"|"范例文件"命令，❶打开"从模板新建"对话框，从中选择"类别"为"范例文件"，❷选择"模板"为"Alpha 遮罩层范例"，❸单击"确定"按钮。

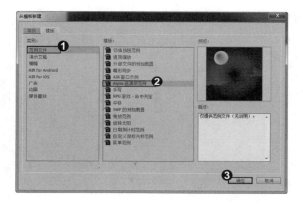

2. 创建的模板

创建出"Alpha 遮罩层范例"，可以看到范例文件中有"动作""动画遮罩"和"内容"三个图层，其中"动作"层中创建有脚本，"动画遮罩"为脚本编辑的遮罩层，"内容"层为被遮罩的内容。

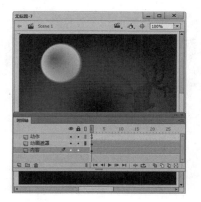

3. 选择背景

在舞台中双击背景图像，进入影片剪辑，从中选择背景图像。

4. 选择"导入"命令

将舞台上的图像删除，在菜单栏中选择"文件"|"导入"|"导入到舞台"命令。

5. 导入的图像

将一张图像导入到舞台中，调整合适的位置。

6. 输出预览动画

将制作完成的动画进行"另存为"操作，保存文档后，按 Ctrl+Enter 快捷键输出影片，预览动画。

知识拓展

在 Alpha 遮罩层范例模板中对于遮罩层也是可以编辑的，对模板中的对象进行编辑必须是进入到实例元件的场景舞台中进行修改；修改遮罩时尽量不要改变元件的名称。

招式 166 使用范例文件中的手写范例

Q 使用范例模板可以制作遮罩动画中的手写动画吗，您能教教我如何制作手写动画吗？

A 可以。手写动画制作相对来说较为复杂，无论是使用模板还是自己创建都需要手动在遮罩层中一笔一笔地进行涂抹，使其显示出来。

1. 选择模板

运行 Flash 软件后，在欢迎界面中选择"模板"|"范例文件"命令，❶打开"从模板新建"对话框，从中选择"类别"为"范例文件"，❷选择"模板"为"手写"，❸单击"确定"按钮。

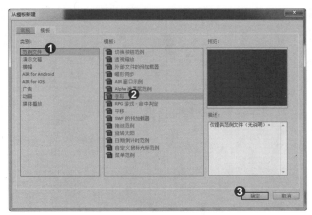

2. 创建的模板文件

　　创建模板文件后，在"时间轴"面板中可以看到"示例"文件夹，从中可以看到每个手写字的动画长度，以及动画的显示长度，按 Ctrl+Enter 快捷键可以预览手写动画的效果。

4. 粘贴形状到遮罩层

　　选择 F 图层中的"晚"字，按 Ctrl+C 快捷键复制形状，切换到 mask 图层，删除关键帧，并在第 1 帧按 F6 键，插入关键帧，按 Ctrl+V 快捷键，粘贴形状到 mask 图层中，调整其颜色为红色。

5. 延长显示时间

　　延长文字的显示时间为 30 帧。

3. 输入文本

　　❶ 在舞台中双击文本"F"，进入元件编辑模式场景，在元件编辑模式场景中选择 F 图层，将其解锁，在舞台中删除 F 形状，❷ 并在舞台中创建"晚"字，按 Ctrl+B 快捷键分离为形状。

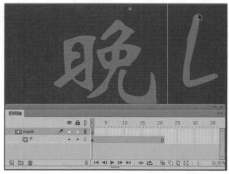

6. 擦除形状

　　锁定 F 图层，选择 mask 图层，在第 29 帧处按 F6 键，插入关键帧，使用"橡皮擦工具"按钮 ，在舞台中擦除第 29 帧的遮罩形状。

7. 继续设置擦除形状的动画

在第 28 帧处按 F6 键，插入关键帧，使用"橡皮擦工具"按钮，在舞台中擦除第 28 帧的遮罩形状；继续使用相同的方法擦除遮罩形状到第 1 帧的效果。

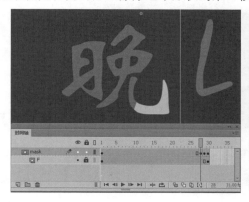
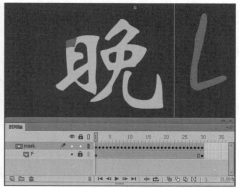

8. 设置"安"手写动画

❶ 使用相同的方法制作"安"字的手写动画，❷ 删除不需要的图层，这里需要注意的是"晚"字是 30 帧，"安"字是 17 帧，根据写完一个继续写另一个文字的操作调整关键帧的位置。

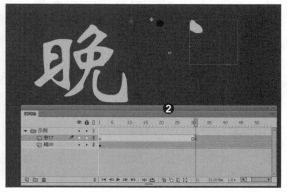

9. 输出预览动画

将制作完成的动画进行"另存为"操作，保存文件后，按 Ctrl+Enter 快捷键输出影片，预览动画。

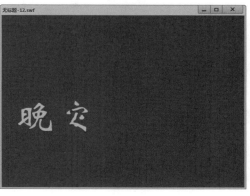

知识拓展

在制作手写动画时，需要根据笔画的前后顺序来进行遮罩，如下图所示，我们在遮罩层中绘制的颜色为红色，该红色区域下的"图层2"为显示的形状，通过添加关键帧并绘制遮罩颜色即可一笔一笔地显示出被遮罩的文字动画。

招式 167 使用范例文件中的菜单范例

Q 在模板中有"菜单范例"模板，该模板如何使用，您能教教我吗？

A 可以。该模板是一个下拉菜单的动画范例文件。

1. 选择模板

运行 Flash 软件后，在欢迎界面中选择"模板"|"更多"命令，❶ 打开"从模板新建"对话框，从中选择"类别"为"范例文件"，❷ 选择"模板"为"菜单范例"，❸ 单击"确定"按钮。

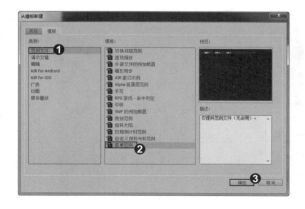

2. 创建的模板文件

创建模板文件后，在"时间轴"面板中可以看到"动作"和"菜单"图层，其中"动作"图层中创建有脚本，"菜单"图层是脚本作用的鼠标事件。

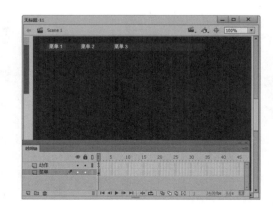

3. 新建图层

创建一个新图层，将其命名为"背景"，并将其放置到"菜单"图层的下方。

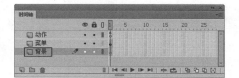

4. 选择"导入"命令

在菜单栏中选择"文件"|"导入"|"导入到舞台"命令。

5. 导入图像

将一张图像导入到舞台中，调整图像到合适的位置。

6. 调整菜单的颜色

在舞台中双击菜单栏的颜色，进入元件编辑模式场景，从中设置菜单栏的颜色。

7. 设置弹出菜单颜色

使用同样的方法设置弹出菜单的颜色。

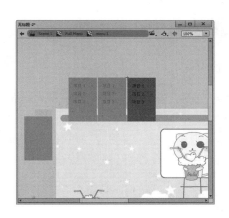

8. 输出预览动画

将制作完成的动画进行"另存为"操作，保存文档后，按 Ctrl+Enter 快捷键输出影片，预览动画。

知识拓展

除了对菜单模板的外观进行更改外，还可以更改菜单栏中文字的显示，这里我们可以在"库"面板中选择相应的菜单文字，双击进入元件编辑模式场景，更改文本内容即可。

招式 **168** 使用范例文件中的拖放范例

Q 在模板中有"拖放范例"模板，该模板的主要功能和使用方法您能教教我吗？

A 可以。拖放范例是一个可以拖动动画元素的范例文件。

1. 选择模板

运行 Flash 软件后，在欢迎界面中选择"模板"|"更多"命令，❶ 打开"从模板新建"对话框，从中选择"类别"为"范例文件"，❷ 选择"模板"为"拖放范例"，❸ 单击"确定"按钮。

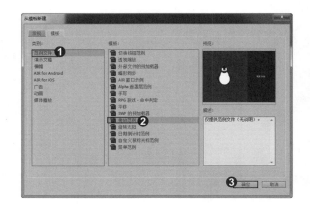

2. 创建的模板文件

创建模板文件后，按 Ctrl+Enter 快捷键输出影片预览动画，在预览的动画中拖动动画素材到黑色的区域释放鼠标可以将动画放置到该区域中，再次单击便可再次移动素材。

3. 更改范例的背景颜色

在范例文件的空白处单击，在"属性"面板中设置"属性"中的"舞台"颜色为蓝色。

4. 调整实例的"色调"

❶ 在范例中选择右侧的黑色元件，在"属性"面板的"色彩效果"卷展栏中设置"样式"为"色调"，❷ 设置合适的色彩效果。

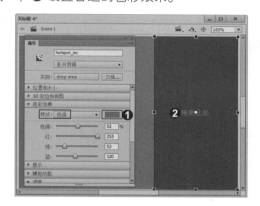

5. 导入素材

双击卡通素材，进入元件编辑模式场景中，将卡通素材删除，在元件编辑模式中重新导入一个卡通素材即可。

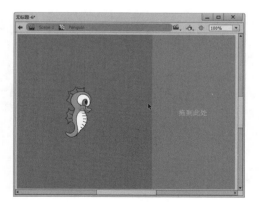

6. 输出影片

保存制作完成的动画，按 Ctrl+Enter 快捷键输出影片。

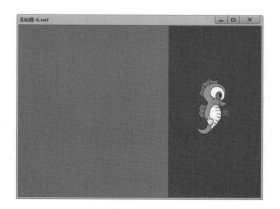

知识拓展

利用该范例，可以将右侧的实例设置为透明，还可以更改背景图像或拖曳影片剪辑实例，制作出拖曳纸飞机的效果。

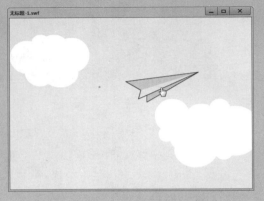 

招式 169 使用范例文件中的自定义鼠标光标范例

 Q 在模板中有"自定义鼠标光标范例"模板，该模板的主要功能和使用方法您能教教我吗？

A 可以。该范例文件是一个自定义光标形状的范例文件。

1. 选择模板

运行 Flash 软件后，在欢迎界面中选择"模板"|"更多"命令，❶ 打开"从模板新建"对话框，设置"类别"为"范例文件"，❷ 选择"模板"为"自定义鼠标光标范例"，❸ 单击"确定"按钮。

2. 创建的模板文件

创建模板文件后，可以看到该范例文件有一个"动作"层，该层输入了脚本，作用层为"光标"，输出影片可以看到范例中的星形会跟随鼠标移动而移动。

 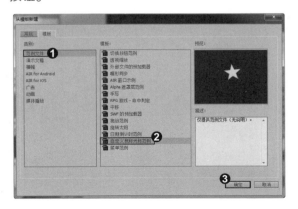 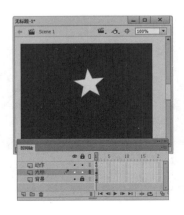

3. 更换元件内容 ‑‑‑‑‑‑‑‑‑‑

在舞台中双击星形，进入元件编辑模式，将舞台中星形删除，可以在该舞台中添加其他形状。

4. 输出影片 ‑‑‑‑‑‑‑‑‑‑

保存制作完成的动画，按 Ctrl+Enter 快捷键输出影片可以看到螃蟹图案将会跟随鼠标移动。

知识拓展

在"自定义鼠标光标范例"中除了可以根据自己的喜好设置光效的形状之外，❶ 还可以为其光标实例形状设置摇摆的动画，设置动画后，设置合适的舞台大小，❷ 按 Ctrl+Enter 快捷键输出影片观看动画效果。

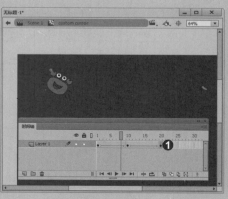
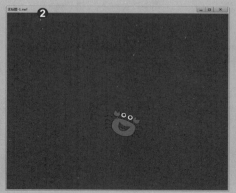

★★★★ 招式 **170** 使用演示文稿范例创建幻灯片

Q 在 Flash 中如何制作幻灯片，您能教教我吗？

A 可以。可以使用演示文稿范例创建幻灯片。

1. 选择模板

运行 Flash 软件后，在欢迎界面中选择"模板"|"更多"命令，❶打开"从模板新建"对话框，从中选择"类别"为"演示文稿"，❷设置"模板"为"简单演示文稿"，❸单击"确定"按钮。

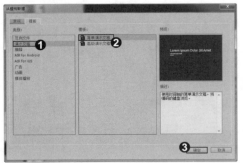

2. 创建的模板

创建范例后，可以看到图层中有"说明""动作""幻灯片"和"背景"图层，在"幻灯片"图层的每个关键帧中包含不同的幻灯片页面，可以对其进行修改和调整。

3. 修改标题

在"幻灯片"图层中选择第1帧，在舞台中输入标题和副标题，选择不需要的文本框，将其删除。

4. 修改第 2 帧标题

选择"幻灯片"图层，从中选择第2帧，在舞台中选择文本框，并重新输入文本作为标题。

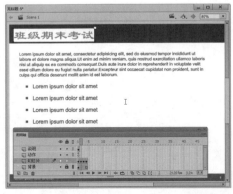

5. 输入第 2 帧幻灯片内容

在第2帧幻灯片中输入文本内容，内容可以根据自己需要创建的幻灯片来输入，这里就不详细介绍了。

6. 修改第 3 帧的内容

　　选择"幻灯片"图层，从中选择第 3 帧，在舞台中修改幻灯片的内容。

7. 修改第 4 帧的内容

　　选择"幻灯片"图层，从中选择第 4 帧，在舞台中修改幻灯片的内容。

8. 修改标注

　　选择"背景"图层，在舞台中重新输入左下角的标注。

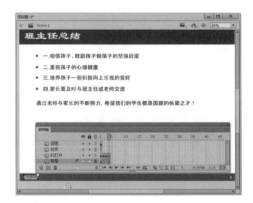

9. 输出影片

　　保存制作完成的动画，按 **Ctrl+Enter** 快捷键输出影片，可以使用键盘上的左右键，对幻灯片翻页。

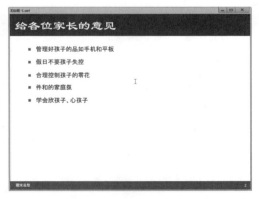

知识拓展

　　另外，在"演示文稿"中还有一个"高级演示文稿"选项，单击"确定"按钮。高级演示文稿与"简单演示文稿"的修改操作基本相同，只是"高级演示文稿"在播放中会有一个过渡切换，修改和制作这里就不详细介绍了。

招式 171 创建横幅

 在"模板"中"横幅"的作用是什么，如何使用，您能教教我吗？

可以。在 Flash 中的横幅是网上的一个宣传广告，创作也非常简单，只要根据需要的尺寸创建即可。

1. 选择模板

　　运行 Flash 软件后，在欢迎界面中选择"模板"|"更多"命令，❶打开"从模板新建"对话框，设置"类别"为"横幅"，❷在"模板"中可以选择一个需要的横幅尺寸，这里选择"160×500 简单按钮 AS3"，❸单击"确定"按钮。

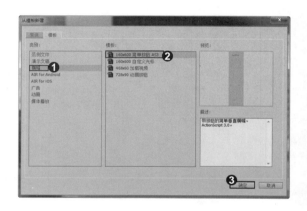

2. 更换内容

　　创建横幅后，在舞台的空白处，可以看到模板的说明，在舞台中可以为舞台重新更换一个背景，还可以添加内容。

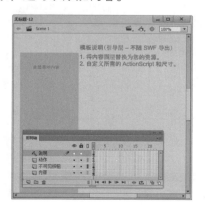

3. 查看动作

　　选择"动作"图层，选择第 1 帧，在菜单栏中选择"窗口"|"动作"命令，打开"动作"窗口，从中可以查看该模板的脚本，在舞台的任意位置单击即可打开网址。

知识拓展

使用横幅的脚本可以访问到指定的网址，例如"动画按钮"，当鼠标单击按钮时会链接到新的网址中，通过"动作"面板可以更改链接的网址，除此之外，横幅的舞台大小可以根据需求进行更改。

招式 172　创建广告

Q　您能教教我广告模板的使用吗？

A　可以。使用广告模板可以创建现在流行的各种网络广告样式模板。

1. 选择模板

运行 Flash 软件后，在欢迎界面中选择"模板"|"更多"命令，❶ 打开"从模板新建"对话框，从中选择"类别"为"广告"，❷ 设置"模板"为"120×60 按钮 2"，❸ 单击"确定"按钮。

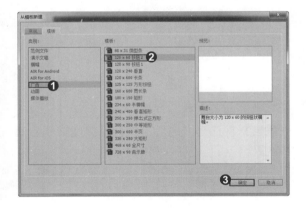

2. 创建广告模板

单击"确定"按钮后，创建了一个舞台大小为 120×60 的模板文件，在舞台中绘制按钮广告，由于广告文件的舞台较小，所以创建的广告内容必须简明扼要，突出重点。

知识拓展

在 Flash 的"广告"模板中提供了 16 种不同尺寸的广告样式模板，便于创建由交互广告署指定且被当今业界接受的标准丰富式媒体类型和大小；广告在网页中只是配角，应该在有限的空间里，使用简洁的内容，突出要表现的广告主题，并将画面做得精美才能够吸引观众的视线，起到广而告之的作用。

招式 **173** 使用动画中的补间形状的动画遮罩层

Q 您能教教我如何使用"动画"模板中的"补间形状的动画遮罩层"来制作遮罩补间形状动画吗?

A 可以。使用"补间形状的动画遮罩层"模板可以创建动画遮罩模板。

1. 选择模板

运行 Flash 软件后,在欢迎界面中选择"模板"|"更多"命令,❶ 打开"从模板新建"对话框,设置"类别"为"动画",❷ 设置"模板"为"补间形状的动画遮罩层",❸ 单击"确定"按钮。

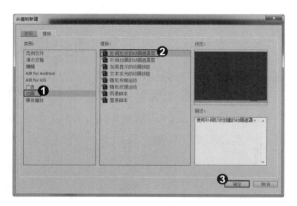

2. 创建的模板文件

创建出补间形状的动画遮罩层,在"时间轴"可以看到三个图层,其中"说明"层只是用来说明当前模板的使用,"遮罩层"中可以看到创建有补间形状动画,"内容"为应用层。

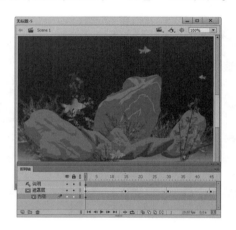

3. 清除帧内容

❶ 选择"内容"图层,❷ 在第 1 帧上单击鼠标右键,在弹出的快捷菜单中选择"清除帧"命令。

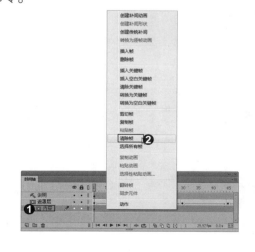

4. 导入素材到舞台中

清除内容之后,使用"导入"命令,导入一张素材图像到"内容"中,调整图像到合适的效果。

5. 输出影片

保存制作完成的动画，按 **Ctrl+Enter** 快捷键输出影片。

知识拓展

对于创建的"补间形状的动画遮罩层"模板，在模板中除了可以编辑"内容"层外，如对遮罩的效果不满意，可以选择相应的补间关键帧内容，对其遮罩图像进行编辑，直至得到满意的遮罩效果。

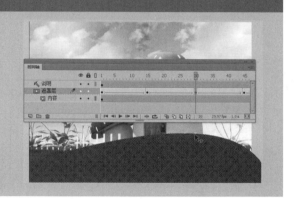

招式 174　使用动画中的补间动画的动画遮罩层

Q 您能教教我如何使用"动画"模板中的"补间动画的动画遮罩层"来制作遮罩补间动画吗？

A 可以。使用"补间动画的动画遮罩层"模板可以创建动画遮罩模板。

1. 选择模板

运行 Flash 软件后，在欢迎界面中选择"模板"|"更多"命令，❶ 打开"从模板新建"对话框，设置"类别"为"动画"，❷ 设置"模板"为"补间动画的动画遮罩层"，❸ 单击"确定"按钮。

 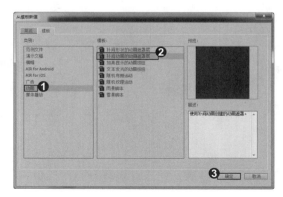

2. 创建的模板文件

单击"确定"按钮后，创建出补间动画的动画遮罩层，在"时间轴"可以看到三个图层，其中"说明"层是用来说明当前模板的使用，"遮罩层"中可以看到创建有补间形状动画，"内容"为应用层。

3. 更换内容

选择"内容"图层，在舞台中按 Delete 键删除内容图像，并使用"导入"命令，导入一张图像到舞台中，调整图像到合适的效果。

4. 输出影片

保存制作完成的动画，按 Ctrl+Enter 快捷键输出影片。

知识拓展

如果对模板中的方形遮罩不满意，可以 ❶ 双击舞台中的方形遮罩，进入元件编辑模式场景，在舞台中选择方形，并将其删除；然后，❷ 在元件舞台中绘制形状，❸ 输出影片观察动画效果。

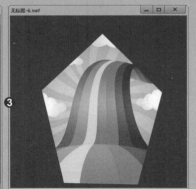

★ ★ ★ ★ ★
招式 175 使用动画中的随机纹理运动

Q 您能教教我如何使用"动画"模板中的"随机纹理运动"来制作动画吗？

A 可以。使用"随机纹理运动"可以处理动画的纹理运动。

1. 选择模板

运行 Flash 软件后，在欢迎界面中选择"模板"|"更多"命令，❶ 打开"从模板新建"对话框，设置"类别"为"动画"，❷ 设置"模板"为"随机纹理运动"，❸ 单击"确定"按钮。

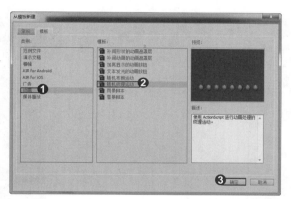

2. 创建的模板文件

单击"确定"按钮后，创建出随机纹理运动动画模板，从中可以看到三个图层，"说明"图层为说明该模板的提示，"粒子"中放置脚本实例，"背景"则是粒子的背景图像。

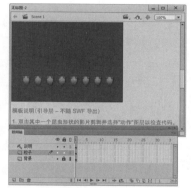

3. 更换元件内容

❶ 在"库"面板中双击 Partidle 元件，进入以元件编辑模式舞台，从中删除原有的形状，打开"甲壳虫"项目文件，❷ 选择 Graphic 图层，❸ 将甲壳虫形状复制到 Partidle 元件编辑模式舞台中的 Graphic 图层中。

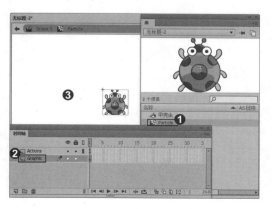

4. 返回到场景

更换元件后，选择"Scene1"场景，返回到模板文件的场景中，可以删除几个实例，留下需要的甲壳虫个数，也可以调整甲壳虫的大小，这里可以根据自己的需要进行设置。

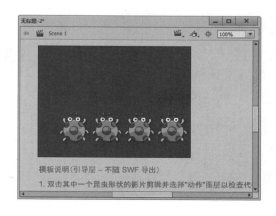

5.　输出影片

保存制作完成的动画，按 Ctrl+Enter 快捷键输出影片。

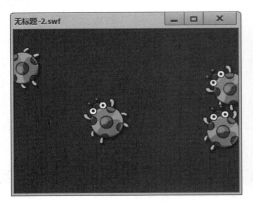
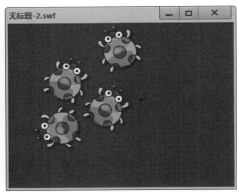

知识拓展

如果要更改舞台大小设置其动画效果可以对脚本进行编辑，具体操作如下。

❶ 创建"随机纹理运动"模板后，查看舞台的大小，模板的舞台大小为 320×240，❷ 更改舞台的大小为 600×500，❸ 在舞台中的元件编辑模式中鼠标右击"Actions"的第 1 帧，在弹出的快捷菜单中选择"动作"命令，❹ 打开"动作"面板，在脚本中找到原舞台尺寸的 320 和 240，❺ 将 320 改为 600，将 240 改为 500。保存制作完成的动画，按 Ctrl+Enter 快捷键输出影片，扩大之后可以在舞台中复制多个对象，这里就不详细介绍了。

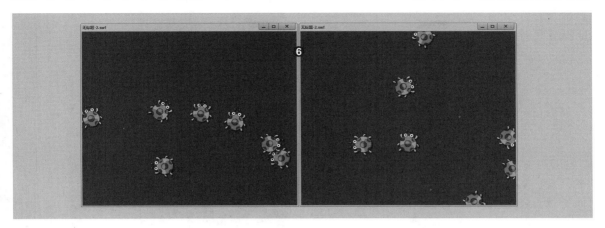

 专家提示

在"动画"的模板中还有一个"随机布朗运动"模板，读者可以根据需要创建，这里就不详细介绍了。

招式 176 使用动画中的雨景脚本

 Q 您能教教我如何使用"动画"模板中的"雨景脚本"来制作雨景动画吗？

A 可以。使用"雨景脚本"模板可以快速创建雨景动画。

1. 选择模板

运行 Flash 软件后，在欢迎界面中选择"模板"|"更多"命令，❶ 打开"从模板新建"对话框，设置"类别"为"动画"，❷ 设置"模板"为"雨景脚本"，❸ 单击"确定"按钮。

2. 创建的模板文件

创建模板后，可以看到四个图层，"说明"层中描述了当前的模板，"动作"层用来添加脚本动作的，"雨"的形状是动作层的作用层，该层为元件实例所在层，"背景"层中的图像可以对其进行替换，这里就不详细介绍了。

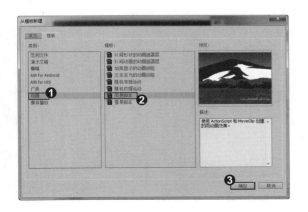

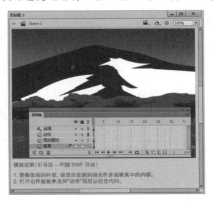

3. 输出影片

可以对当前的模板进行编辑，按 **Ctrl+Enter** 快捷键输出预览影片。

知识拓展

在"动画"模板中，"雪景脚本"与"雨景脚本"的制作基本相同，创建雪景脚本模板后，可以对背景进行更换或对舞台大小进行修改等操作，直至得到满意的效果，雪景的效果如下图所示。

招式 **177** 使用动画中的加亮显示动画按钮

Q 您能教教我如何使用"动画"模板中的"加亮显示动画按钮"吗？

A 可以。

1. 选择模板

运行 Flash 软件后，在欢迎界面中选择"模板"|"更多"命令，❶ 打开"从模板新建"对话框，设置"类别"为"动画"，❷ 设置"模板"为"加亮显示的动画按钮"，❸ 单击"确定"按钮。

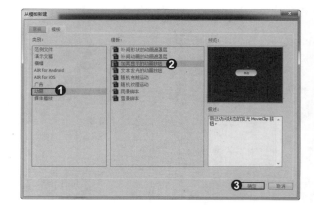

2. 创建的模板文件

创建"加亮显示的动画按钮"模板后，可以看到当前模板中的"动作"图层和"按钮"图层以及"背景"图层。

4. 按钮 over 事件

在元件编辑模式场景，移动播放头到"图层 3"的 _over 脚本事件位置上，查看舞台中设置的按钮动画效果。

6. 按钮 visited 事件

在元件编辑模式场景，移动播放头到"图层 3"的 _visited 脚本事件位置上，查看舞台中设置的按钮动画效果。

3. 按钮 up 事件

在舞台中双击按钮，进入元件编辑模式场景，移动播放头到"图层 3"的 _up 脚本事件位置上，查看舞台中按钮的效果。

5. 按钮 down 事件

在元件编辑模式场景，移动播放头到"图层 3"的 _down 脚本事件位置上，查看舞台中设置的按钮动画效果。

 专家提示

在按钮元件编辑模式舞台中可以重新编辑按钮元件事件的动画。

知识拓展

"动画"模板中的"文本发光的动画按钮"模板，读者可以对其进行编辑和操作。可以打开模板，将鼠标放置到或单击文本发光的动画按钮上查看动画效果。

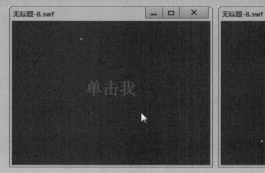

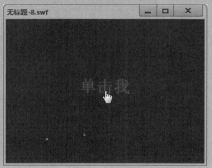

招式 178 使用媒体播放模板中的简单相册

Q 在"模板"中有"媒体播放"模板，您能教教如何使用该模板中的"简单相册"吗?

A 可以。使用"简单相册"可以创建带按钮导航的时间轴的简单相册。

1. 选择模板

运行 Flash 软件后，在欢迎界面中选择"模板"|"更多"命令，❶ 打开"从模板新建"对话框，设置"类别"为"媒体播放"，❷ 设置"模板"为"简单相册"，❸ 单击"确定"按钮。

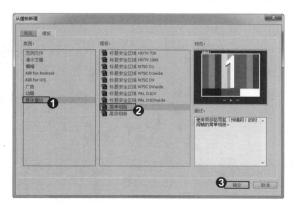

2. 创建的模板文件

创建出模板后可以看到当前模板中的所有图层，下面我们将通过对舞台中的图像进行替换，来制作简单的相册。

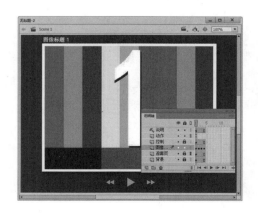

3. 删除图像

❶ 选择"图像 / 标题"图层，并选择第一帧，
❷ 在舞台中选择图像，按 Delete 键删除图像。

4. 导入图像到舞台

在菜单栏中选择"文件"|"导入"|"导入到舞台"命令，在弹出的"导入"对话框中选择素材图像，导入到舞台之后，调整素材的大小到合适的位置。

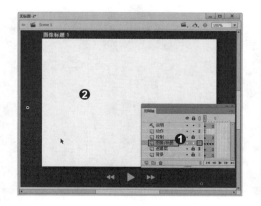

5. 输出影片

使用同样的方法，删除其他关键帧中的图像，并导入新图像，制作完成后对当前的模板进行保存，按 Ctrl+Enter 快捷键输出预览影片，可以通过单击按钮进行上一页、下一页和自动播放的操作。

知识拓展

与其他的模板相同，"简单相册"模板中的任何实例都是可以编辑的，调整到自己满意的效果即可。

图像、声音和视频

第 11 章

为了节省时间，丰富舞台，可以直接为舞台导入图像。在 Flash 中可以导入多种类型的图像素材文档。

声音在影视作品中占据着重要的地位，可以说声音是演员的另一种表演，不同的声音可以向观众传达不同的含义。在 Flash 中声音是可以编辑的，用户可以通过编辑声音，使其达到影片需求；不仅如此，用户还可以向 Flash 中导入视频素材，通过对视频素材进行编辑以达到理想的效果。

在本章中将介绍如何将声音和视频素材导入到 Flash 中，并对声音和视频素材进行编辑的方法。

★★★★

招式 **179** 导入图像

 在 Flash 中可以导入什么格式的图像，如何导入图像，您能教教我吗？

 可以。在前面几章中涉及 Flash 导入图像的操作，具体的导入图像操作如下。

1. 选择导入命令

在菜单栏中选择"文件"|"导入"|"导入到舞台"命令。

2. 选择文件

❶弹出"导入"对话框，选择一个导入路径，❷单击"所有文件"下拉列表查看可以导入的文件类型。

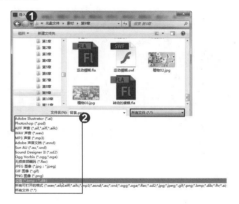

3. 导入的图像

选择需要导入的图像，单击"导入"按钮，可以将选择的图像文件导入到舞台中。

 知识拓展

在菜单栏中选择"文件"|"导入"|"导入到库"命令，可以将需要打开的素材导入到"库"面板中，而不显示在舞台中。"导入到舞台"命令除了将素材导入的舞台外，还可以将素材放置到库中，这里可以根据需要选择合适的导入命令。

招式 **180** 调整图像匹配舞台

Q 导入图像后，如何能够快速地将舞台匹配到图像大小，您能教教我吗？

A 可以。只需使用"文档设置"对话框即可，具体操作如下。

1. 选择图像

导入图像后，想要舞台与图像相匹配，首先选择图像。

2. 文档设置

❶ 在菜单栏中选择"修改"|"文档"命令，❷ 弹出"文档设置"对话框，单击"匹配内容"按钮。

3. 查看舞台

匹配内容之后，舞台的大小将与舞台中图像的大小相同，这里就不详细介绍了。

知识拓展

如果想要精确调整图像的大小可以在舞台中选择图像，在"信息"面板中可以查看到图像的大小和位置信息，通过调整"宽"和"高"的参数精确调整图像的大小。

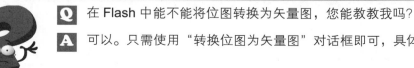

招式 **181** 将导入的位图转换为矢量图

Q 在 Flash 中能不能将位图转换为矢量图，您能教教我吗？

A 可以。只需使用"转换位图为矢量图"对话框即可，具体操作如下。

1. 选择图像

将一张位图导入到舞台中，并在舞台中将其选中。

3. 设置参数

❶ 在弹出的"转换位图为矢量图"对话框中设置合适的参数，单击"预览"按钮，❷ 可以预览到转换为矢量图后的效果。

2. 转换位图为矢量图

在菜单栏中选择"修改"|"位图"|"转换位图为矢量图"命令，弹出"转换位图为矢量图"对话框。

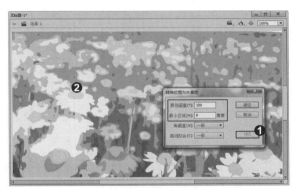

知识拓展

一般由位图转换生成的矢量图文件大小要缩小，如果原始的位图形状复杂、颜色较多则可能生成的矢量图的大小要增加。如果要使生成后的矢量图不失真，就要把"颜色阈值"和"最小区域"的值设低，"曲线拟合"和"角阈值"两项设置为"非常紧密"和"较多转角"，这样得到的图形文件会增大，但转换出的画面也越精细，矢量图的体积也越大，在非必要的情况下不建议使用"转换位图为矢量图"命令。

招式 182 导入声音

Q 如何将外部的声音导入到 Flash 中，您能教教我吗？

A 可以。在 Flash 影片中的声音，是通过外部的声音文件导入而得到的，具体操作如下。

1. 选择"导入到舞台"

在菜单栏中选择"文件"|"导入"|"导入到舞台"命令。

2. 选择导入的文件

在弹出的"导入"对话框中选择本书配备的"素材\第11章\erge.mp3"音频项目文件。

3. 在"库"中查看音频

单击"打开"按钮，可以在"库"面板中查看到导入的音频素材文件。

4. 播放音频

在"库"面板中选择导入的音频，在"库"面板预览窗格的右上角单击"播放"按钮▶，可以试听当前的音频。

知识拓展

❶ 导入音频的另外一种快捷方法是通过计算机查找到相应的音频位置，并选择音频，将其拖曳到 Flash 舞台中，❷ 拖曳到舞台中的音频会显示在"库"面板中。

招式 183 将声音添加到时间轴

Q 当把声音导入到库中之后，如何将声音应用到当前的动画中，您能教教我吗？

A 可以。下面介绍如何将音频添加到时间轴上的具体操作。

1. 打开文档

打开本书配备的"素材\第 11 章\水中小鱼 .fla"项目文件，下面将为该项目文件添加一个音频文件。

2. 导入音频文件

在菜单栏中选择"文件"|"导入"|"导入到舞台"命令， 在弹出的"导入"对话框中选择本书配备的"素材\第 11 章\shuisheng. wav"音频项目文件，单击"打开"按钮， 将音频放置到"库"中。

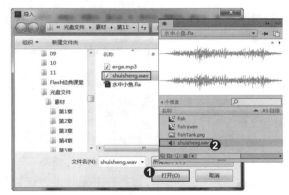

3. 创建声音图层

在"时间轴"中新建"声音"图层，并将图层命名为"声音"。

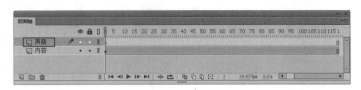

4. 选择需要导入的声音

在"时间轴"面板中选择"声音"图层，并选择需要添加声音的帧，这里选择第 1 帧，然后在"属性"面板的"声音"卷展栏中的"名称"下拉列表中选择导入的音频文件。

5. 添加音频到时间轴

声音被导入时间轴后，其"时间轴"
面板的状态如右图所示。

6. 输出影片

保存制作完成的动画，按 Ctrl+Enter 快捷键输出影片，预览动画和声音。

知识拓展

一个层中可以放置多个声音文件，声音与其他对象也可以放在同一个图层中，如下图所示，建议
将声音对象单独使用一个图层，这样便于管理。当播放动画时，所有图层中的声音将一起被播放。

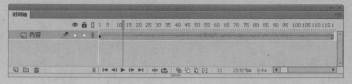

招式 184 将声音添加到按钮

Q 在 Flash 中可以使声音与按钮相关联吗，可不可以制作出单击按钮使其发出声
音，您能教教我如何制作吗？

A 可以。在 Flash 中，可以使声音和按钮元件的各种状态相关联，当按钮元件关
联了声音后，该按钮元件的所有实例中都有声音。

1. 打开文档

❶ 打开本书配备的"素材 \ 第 11 章 \ 有声
按钮 .fla"项目文件，❷ 可以看到该文档中创建
有"背景"和"车"两个图层。

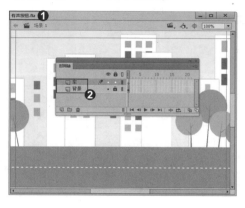

2. 进入元件编辑模式

❶ 在"库"面板中可以看到"汽车"按钮元件，
双击按钮元件图标，❷ 进入元件编辑模式舞台。

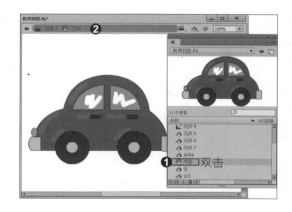

3. 导入声音

❶ 在菜单栏中选择"文件"|"导入"|"导入到舞台"命令，在弹出的"导入"对话框中选择本书配备的"素材 \ 第 11 章 \mingdi.wav"音频项目文件，❷ 单击"打开"按钮，将音频放置到"库"中。

4. 插入音频

❶ 在按钮的"时间轴"面板中，按 F6 键为"按下"添加关键帧，❷ 并在"属性"面板中"声音"|"名称"下拉列表中选择 mingdi.wav 音频文件。

5. 添加按钮到场景

为按钮添加按下的声音后，在"库"面板中将汽车按钮拖曳到场景舞台中，调整其大小。

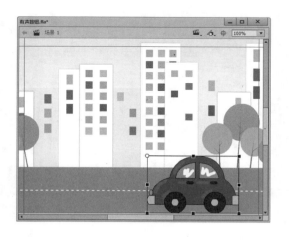

6. 创建传统补间动画

在"时间轴"面板中延长动画显示为 40 帧，在第 40 帧处将汽车移动到舞台的另一侧，创建传统补间动画效果。

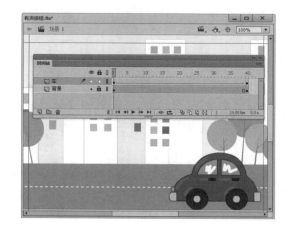

7. 输出影片

保存制作完成的动画，按 Ctrl+Enter 快捷键输出影片，当使用鼠标单击汽车时，就会播放开始添加的声音文件。

知识拓展

为按钮添加音效时，虽然过程并不复杂，但在实际应用中会增加访问者下载页面数据的时间。所以，在制作应用于网页的动画作品时，一定要注意声音文件的大小。在设计过程中，可以将声音放在一个独立的图层中，这样做有利于方便管理不同类型的素材资源。在制作有声按钮时，将音效文件放置在按钮的"按下"帧中，当鼠标单击按钮时，会发出声音。当然也可以设置按钮在其他状态时的声音，这时只需要在对应状态下的帧中拖入声音即可。

招式 185 设置声音效果

Q 在添加声音之后，能对其声音设置淡入、淡出等效果吗，您能教教我如何设置声音效果吗？

A 可以。下面通过为小猪睡觉添加呼噜声音的实例来介绍如何设置声音效果。

1. 打开文档

打开本书配备的"素材 \ 第 11 章 \ 声音效果 .fla"项目文件，下面将为该项目文件添加声音。

2. 选择导入的声音

❶ 在菜单栏中选择"文件"|"导入"|"导入到舞台"命令，在弹出的"导入"对话框中选择本书配备的"素材 \ 第 11 章 \hulu.wav"音频项目文件，❷ 单击"打开"按钮，将音频放置到"库"中。

3. 选择帧

在"时间轴"面板中选择需要加入声音的图层，并选择需要添加声音的帧，这里选择第 1 帧。

4. 选择添加的声音

　　在"属性"面板中"声音"卷展栏的"名称"下拉列表中选择 hulu.wav 音频文件。

5. 调整动画

　　添加音频后，可以对场景中的动画显示时间进行延长，并调整 hulu 图层中形状的补间动画效果，调整动画长度符合声音长度。

6. 设置效果

　　选择"声音"图层中的第 1 帧，在"属性"面板中"声音"卷展栏的"效果"下拉列表中选择"淡入"效果，随着声音的播放逐渐增大音量。

7. 输出影片

　　保存制作完成的动画，按 Ctrl+Enter 快捷键输出影片播放动画，试听设置声音的效果。

知识拓展

　　在"属性"面板"声音"卷展栏的"效果"下拉列表中可以选择要应用的声音效果。

　　无：不对声音文件应用效果，选中该项将删除以前应用的效果。

　　左声道：只在左声道中播放声音。

　　右声道：只在右声道中播放声音。

　　向右淡出：将声音从左声道切换到右声道。

　　向左淡出：将声音从右声道切换到左声道。

　　淡入：随着声音的播放逐渐增加音量。

　　淡出：随着声音的播放逐渐减小音量。

　　自定义：允许使用"编辑封套"创建自定义的声音淡入和淡出点。

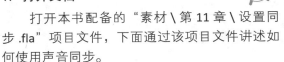

招式 **186** 设置声音的同步

Q 在"属性"面板中声音的"同步"起到什么作用，应该怎么使用，您能教教我吗？

A 可以。通过"属性"面板中声音的"同步"可以为目前所选关键帧中的声音进行同步播放，对声音在输出影片中的播放进行控制。具体使用方法如下。

1. 打开文档

打开本书配备的"素材 \ 第 11 章 \ 设置同步 .fla"项目文件，下面通过该项目文件讲述如何使用声音同步。

3. 选择需要的帧

在"时间轴"面板中创建"声音"图层，并选择第 1 帧。

4. 选择声音并设置同步

在"属性"面板中"声音"卷展栏的"同步"下拉列表中选择"事件"，并设置声音为"循环"播放。

2. 选择导入的声音

❶ 在菜单栏中选择"文件"｜"导入"｜"导入到舞台"命令，在弹出的"导入"对话框中选择本书配备的"素材 \ 第 11 章 \ 知了 .wav"音频项目文件，❷ 单击"打开"按钮，将音频放置到"库"中。

5. 输出影片

保存制作完成的动画，按 **Ctrl+Enter** 快捷键输出影片查看声音的效果。

知识拓展

在"属性"面板的"声音"卷展栏下的"同步"参数详细介绍如下。

事件：在声音所在的关键帧开始显示时播放，并独立于时间轴中帧的播放状态，即使影片停止也将继续播放，直至整个声音播放完毕。

开始：与"事件"相似，只是如果目前的声音还没有播放完，即使时间轴中已经有声音的其他关键帧，也不会播放新的声音内容。

停止：时间轴播放到该帧后，停止该关键帧中指定的声音，通常在设置有播放跳转的互动影片中才使用。

数据流：选择这种播放同步方式后，Flash 将强制动画与音频流的播放同步。如果 Flash Player 不能足够快地绘制影片中的内容，便跳过阻塞的帧，而声音的播放则继续进行并随着影片的停止而停止。

重复：设置该关键帧上声音重复播放的次数。

循环：使该关键帧上的声音一直不停地循环播放。

 187 设置声音的播放长度

Q 添加声音后，如何调整声音的播放长度，您能教教我吗？

A 可以。使用"编辑封套"对话框即可调整声音的长度。

1. 选择"自定义"选项

继续上一节实例操作，在舞台中选择声音所在的图层，在"属性"面板的"声音"卷展栏的"效果"下拉列表中选择"自定义"选项。

2. 编辑封套

弹出"编辑封套"对话框，在该对话框中拖曳左侧的"起始滑动头"到需要开始的音频位置。

3. 查看结束滑动头 ⏰

使用同样的方法调整"结束滑动头"的位置，设置声音的播放长度。

知识拓展

在"属性"面板的"声音"卷展栏的"效果"下拉列表框中选择"自定义"选项，可以弹出"编辑封套"对话框。使用"编辑封套"对话框，可以设置声音的"效果"，在"效果"下拉列表中可以选择不同的声音效果，与"属性"面板的"效果"下拉列表框中的效果一样。效果下的窗口为"时间轴"，在时间轴中两头的滑块分别是"起始滑动头"和"结束滑动头"，通过移动它们的位置可以完成声音的播放长度。在时间轴下包括了播放控制按钮以及显示比例控制按钮，熟练掌握"编辑封套"可以制作出更丰富的音频特效。

招式 **188** 设置声音属性

Q 在 Flash 中导入声音后，如何查看声音的属性，您能教教我吗？

A 可以。使用"声音属性"对话框查看声音的属性。打开"声音属性"对话框的具体操作如下。

1. 选择"属性"按钮 ⏰

导入声音后，声音会在"库"面板中显示，❶ 在"库"面板中选择声音文件，❷ 单击面板底部的"属性"按钮 ❶。

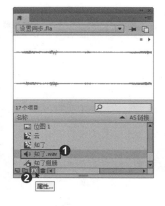

2. 打开"声音属性"对话框 ⏰

单击"属性"按钮 ❶后弹出"声音属性"对话框，在该对话框顶部文本框中显示声音文件名称，其下方是声音文件的基本信息，左侧是声音的波形图，右侧则是一些应用按钮。

📖 **知识拓展**

❶ 在"库"面板中鼠标右击声音文件，在弹出的快捷菜单中选择"属性"命令同样也可以弹出"声音属性"对话框；❷ 另外，通过选择声音，单击"库"面板右上角的按钮▼≡，在弹出的菜单中选择"属性"命令，也可以弹出"声音属性"对话框。

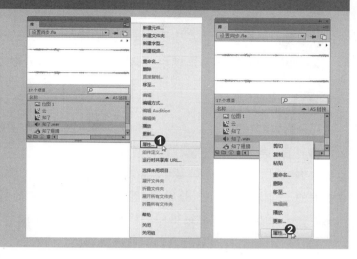

★★★★★
招式 189 更新声音

Q 如果声音的源文件被重新编辑过，如何更新或替换原有的声音元件，您能教教我吗？

A 可以。使用"更新"命令即可在原有的声音元件基础上，将编辑过的声音进行更换，前提是声音名称必须是一样的。

1. 选择"更新"命令

❶ 在含有声音的"库"面板中，鼠标右击声音文件，❷ 在弹出的快捷菜单中选择"更新"命令。

2. 更新库项目

选择"更新"命令后，❶ 弹出"更新库项目"对话框，从中勾选需要更新的项目，❷ 单击"更新"按钮，更新项目后，单击"关闭"按钮，关闭对话框。

📖 **知识拓展**

在"声音属性"对话框中同样也有对声音进行"更新"的命令，这里就不重复介绍了。

★★★★★ 招式 **190** 调整音量

Q 导入声音后，发现音量较大，如何在 Flash 中调整声音的音量，您能教教我吗?

A 可以。使用"编辑封套"对话框调整时间轴中的声音波形，具体操作如下。

1. 打开"编辑封套"

❶ 选择"声音"图层上的任意一帧，在"属性"面板中单击"声音"卷展栏中"效果"下拉列表框后的"编辑声音封套"按钮，❷ 弹出"编辑封套"对话框，在该对话框中时间轴上方为左声道，时间轴下方为右声道，而声道中的水平线则是声音标尺。

2. 调整声音标尺

在"编辑封套"对话框中调整时间轴上方的"左声道"音波的声音标尺，将其放置到音波的下方，说明该声道的声音较低，使用同样的方法调整时间轴下的右声道声音大小。

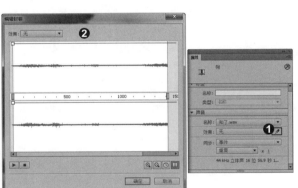

知识拓展

❶ 在"编辑封套"对话框中将水平线放置到最底部可以对声音进行静音，❷ 如果想要降低声音又要制作出淡入和淡出效果，通过调整声音标尺两端的节点即可。

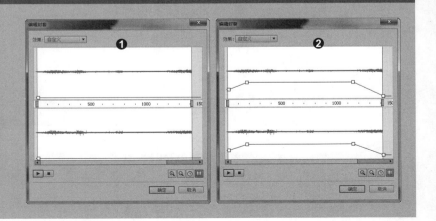

★★★★★
招式 **191** 删除声音文件

Q 添加声音后，如何删除声音文件，您能教教我吗？

A 可以。使用"属性"面板即可，具体操作如下。

1. 选择声音

在图层中选择声音所在图层的任意帧。

知识拓展

使用"声音"卷展栏中"名称"下拉列表可以对当前的音频进行更换，前提是必须要将更换的声音导入到"库"面板中。

2. 选择声音

在"属性"面板中，选择"声音"卷展栏下"名称"下拉列表中的"无"选项即可删除声音，最后可以将空白的声音放置图层删除即可。

★★★★★
招式 **192** 导入视频

Q 在 Flash 中如何导入视频，您能教教我吗？

A 可以。使用"导入"|"导入视频"命令即可，具体操作如下。

1. 选择"导入视频"命令

首先，新建一个空白文档。在菜单栏中选择"文件"|"导入"|"导入视频"命令。

2. 打开"导入视频"对话框

选择"导入视频"命令后，弹出"导入视频"对话框，使用默认参数，单击"浏览"按钮。

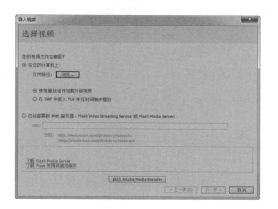

3. 选择视频

❶ 弹出"打开"对话框，在文件类型中可以看到导入的视频文件格式，❷ 这里我们选择本书配备的"素材 \ 第 11 章 \shipin02.flv"视频项目文件。

4. 打开文件后的路径

选择文件后，单击"打开"按钮，返回到"导入视频"对话框，可以看到文件路径，单击"下一步"按钮。

5. 设定外观

❶ 进入"导入视频"的"设定外观"对话框，从中可以选择一种合适的外观，并设置外观的颜色，❷ 单击"下一步"按钮。

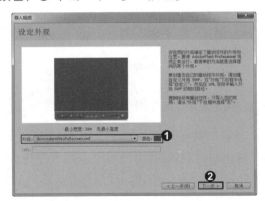

6. 完成视频导入

进入"完成视频导入"界面，单击"完成"按钮。

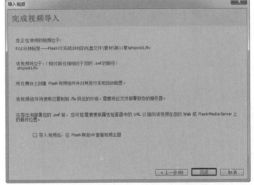

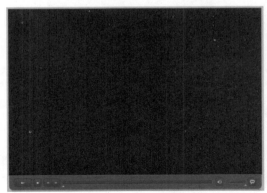

7. 导入的视频

可以看到将视频导入到了舞台中。

8. 输出影片

保存制作完成的动画，按 **Ctrl+Enter** 快捷键
输出影片，观看视频。

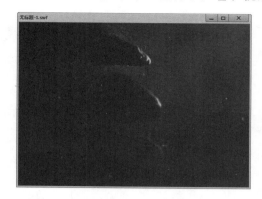

知识拓展

导入视频后，视频的大小与舞台不符时，可以在工具箱中选中"任意变形工具"按钮，在舞台
中按住 Shift 键等比例缩放视频，这样视频播放器的外观操作按钮即可显示在项目文件的影片中。

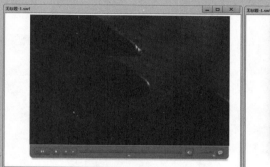 

招式 193　导入为内嵌视频

Q 什么是内嵌视频，内嵌视频的优点有哪些，您能教教我吗？

A 可以。内嵌视频也称为嵌入视频，是指导入到 Flash 中的视频文件。用户可以
将导入后的视频与主场景中的帧频同步，也可以调整视频与主场景的时间轴比率，
以便在回放时对视频中的帧进行编辑。具体操作如下。

1. 选择"导入视频"命令

首先，新建一个空白文档。在菜单栏中选
择"文件" | "导入" | "导入视频"命令。

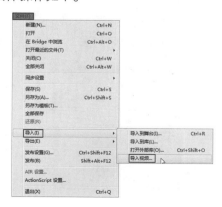

2. 创建的模板文件

❶ 弹出"导入视频"对话框,单击"浏览"按钮。❷ 打开本书配备的"素材\第11章\烟花.flv"视频项目文件,并选中"在 SWF 中嵌入 FLV 并在时间轴中播放"单选按钮,❸ 单击"下一步"按钮。

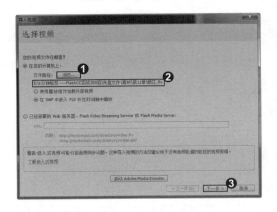

3. 嵌入

进入"嵌入"界面,从中使用默认的参数,单击"下一步"按钮。

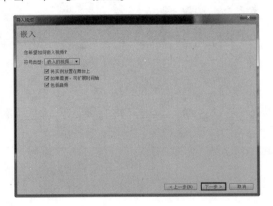

4. 完成视频导入

进入"完成视频导入"界面,从中使用默认的参数,单击"完成"按钮。

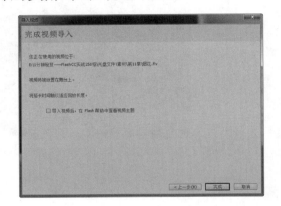

5. 文档设置

由于当前舞台没有其他实例对象,这里我们需要将舞台设置成与视频大小相同。在菜单栏中选择"修改"|"文档"命令,❶ 在弹出的"文档设置"对话框中单击"匹配内容"按钮,匹配舞台与视频大小相同,❷ 单击"确定"按钮。

6. 转换为元件

在舞台中选择导入的视频,❶ 按 F8 键,在弹出的"转换为元件"对话框中设置"类型"为"影片剪辑",将元件"名称"命名为"烟花",❷ 单击"确定"按钮。

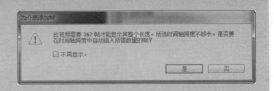

7. 输出影片

　　可以对当前的文档进行存储，按 **Ctrl+Enter** 快捷键输出预览影片。

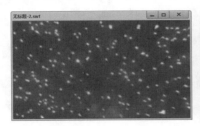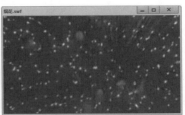

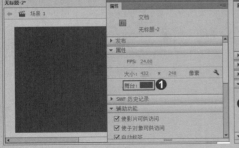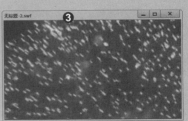

第 12 章

初识 ActionScript 编程环境

在 Flash CC 中的 ActionScript 更加强化了 Flash 的编程功能，进一步完善了各项操作细节，让动画师们在制作动画的过程中更加得心应手。Flash CC 中取消了 ActionScript 2.0 代码，升级为 ActionScript 3.0 代码。ActionScript 3.0 能帮助我们轻松实现对动画的控制，以及对象属性的修改等操作，还可以取得使用者的动作或资料、进行必要的数值计算及对动画中的音效进行控制等。灵活运用这些功能并配合 Flash 动画内容进行设计，想做出任何互动式的网站，或网页上的游戏都不再是一件困难的事情了。

招式 194 为元件添加代码

Q 在 Flash 中如何编写代码，能否直接为元件添加代码，您能教教我吗？

A 可以。代码可以编写在对象本身上，例如直接把代码写在影片剪辑元件的实例、按钮上等，具体操作如下。

1. 打开文档

❶ 打开本书配备的"素材 \ 第 12 章 \ 元件脚本 .fla"项目文件，❷ 下面将介绍为项目文件中的白鹤影片剪辑元件添加代码。

2. 进入元件编辑模式

在舞台中双击白鹤实例，进入白鹤影片剪辑元件编辑模式场景，从中选择白鹤图像。

3. 选择代码片段

❶ 按 F9 键，打开"动作"面板，从中单击"代码片段"按钮 ‹›，❷ 打开"代码片段"面板，从中选择一种动作，这里选择"动作"下的"自定义鼠标光标"选项，双击即可。

4. 输入的代码片段

双击"动作"下的"自定义鼠标光标"代码片段后，在"动作"面板中显示出自定义选择的图像为光标形状的代码，使用代码片段可以简单快速地制作出一些代码动画。

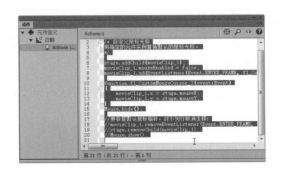

5. 输出影片

保存制作完成的动画，按 Ctrl+Enter 快捷键输出影片，预览影片可以发现鼠标指针变为白鹤效果，可以移动鼠标观察动画效果。

知识拓展

"代码片段"面板对初学者来说是非常实用的一种代码助手，在"代码片段"中可以找到许多常用的代码，最主要的是这些代码都是以中文状态呈现的，这使得 Flash 动画工作者节省了许多输入代码的时间，选中需要的代码双击即可呈现到"动作"面板中。

招式 **195** 将代码直接添加到时间轴上

Q 您能教教我如何将代码直接添加到时间轴上吗？

A 可以。除了在元件上编写代码外，另一种方法是在时间轴的关键帧上添加代码，具体的操作如下。

1. 打开文档

打开本书配备的"素材\第 12 章\时间轴脚本 .fla"项目文件，下面将为该项目文件的时间轴上添加代码，在舞台中选择甲虫实例。

2. 选择代码片段

❶ 按 F9 键，打开"动作"面板，从中单击"代码片段"按钮 <>，❷ 打开"代码片段"面板，从中选择一种动作，这里选择"动画"下的"用键盘箭头移动"选项，双击即可。

3. 输入的代码片段

双击"动画"下的"用键盘箭头移动"代码片段后，在"动作"面板中显示出用键盘箭头移动的代码。

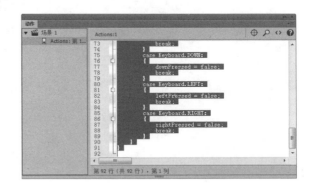

4. 在时间轴中插入的代码

此时关闭"动作"面板，可以看到"时间轴"面板中自动出现了 Actions 图层，该图层则是代码图层。

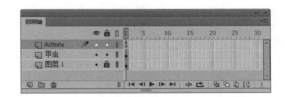

5. 输出影片

保存制作完成的动画，按 Ctrl+Enter 快捷键输出影片，使用键盘上的上下左右键来移动甲虫的位置。

知识拓展

如果在项目文件中有空白的代码图层，则选择相应的帧数，单击鼠标右键，在弹出的快捷菜单中选择"动作"命令，使用上述方法也可以添加代码到"时间轴"面板的图层帧上。

这里需要注意的是在使用代码片段时，会出现如下图所示的提示，所有在添加代码时需要注意，要选择对象，然后必须要对舞台中实例命名一个名称，这里就不详细介绍了。

招式 196 使用代码片段制作加载动画

 Q 上面介绍了两个使用代码片段的案例，那么代码片段可以制作加载动画吗？您能教教我吗？

A 可以。在使用代码片段时，需要选择一个实例，并制定相对应的加载代码片段即可，具体操作如下。

1. 打开"代码片段"面板

❶ 按 F9 键，打开"动作"面板，从中单击"代码片段（由于软件原因，图中"代码片段"均为"代码片断"，下同）"按钮 <>，❷ 打开"代码片段"面板。

2. 绘制形状

例如我们在舞台中绘制一个形状，需要为其添加一段代码片段，将形状选中。

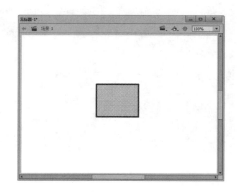

3. 选中代码片段

在"代码片段"面板中选择需要添加的代码片段，这里选择"单击以加载/卸载 SWF 或图像"选项。

4. 出现的提示对话框

双击选中的代码片段，系统会提示需要将所选的项目转换为影片剪辑才可以使用，单击"确定"按钮后，选中的形状将被系统转化为影片剪辑。

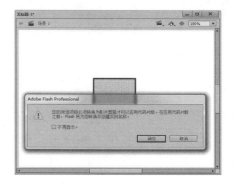

5. 添加的代码片段

可以看到在"动作"面板中添加了代码片段，其中会有\\ 的注释和提示，这里就不详细介绍了。

6. 预览代码动画

添加代码片段后，按 Ctrl+Enter 快捷键测试影片即可。

知识拓展

在菜单栏中选择"窗口"|"代码片段"命令，同样也可以打开"代码片段"面板。

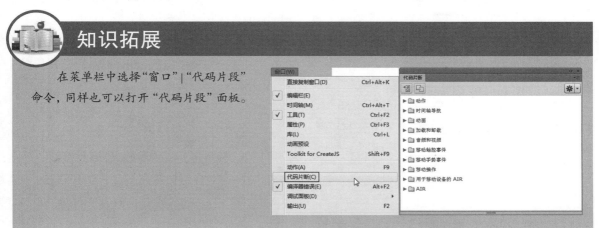

招式 197 使用事件处理函数加载 Web 页

 Q 学习了使用代码片段之后，如果我想要在"动作"面板中手动输入一个代码片段，首先要学习什么呢，您能教教我吗？

A 可以。在学习代码时首先要了解 Flash 中的事件，所谓事件顾名思义就是发生的事，能够被 ActionScript 3.0 识别并可影响的事情。在事件产生之前，Flash 会交给事件处理函数去处理，事件处理函数也叫做事件侦听器。事件侦听器是一个侦听事件也是处理事件的函数。事件侦听器只需通过 addEventListenter() 函数加到实践目标对象上就可以了，事件处理函数的语法如下，下面我们就来学习事件处理函数的使用方法。

```
事件目标对象.addEventListenter(事件类型.事件名称，事件处理函数名称)
function 事件处理函数名称（事件对象:事件类型）: void{
}
```

1. 创建元件

❶ 在舞台中创建一个简单的图形和文本形状，将其选中，❷ 并将其转换为"按钮"元件。

2. 设置指针经过的效果

转化为元件后，❶ 双击进入元件编辑模式场景，❷ 在"时间轴"面板中"指针经过"下按 F6 键，插入关键帧，❸ 在舞台中缩放形状和文本，进行缩放 90% 左右即可。

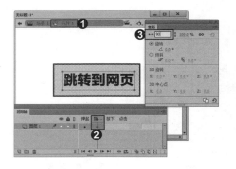

3. 设置按下效果

❶ 在"时间轴"面板中"按下"下按 F6 键，插入关键帧，❷ 在舞台中更改一下填充的矩形颜色。

4. 设置点击的效果

设置完"按下"效果后，在"点击"下按 F6 键，添加关键帧，可以继承"按下"的效果。

5. 命名实例

❶ 返回到"场景 1"，❷ 在舞台中选中实例，在"属性"面板中为按钮实例命名为 link_btn。

6. 输入代码

按 F9 键，打开"动作"面板，在"动作"面板中输入以下代码。

知识拓展

在 Flash 中如果想用代码控制场景中的按钮、影片剪辑和其他对象，就必须给它们命名实例名称。对于 ActionScript 新手来说，最常见的一种错误就是忘记给对象设置实例名称。如果代码不能正常工作，请首先检查实例名称。

7. 测试影片

添加代码片段后，按 Ctrl+Enter 快捷键测试影片，在输出的影片中单击按钮元件，测试是否可以执行代码片段的事件。若代码可执行，单击按钮元件可以跳转到网页中。

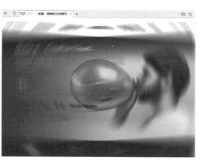

知识拓展

在 Flash 中有许多默认事件，如鼠标事件、键盘事件等。下表中是常用的事件及说明，可以根据事件的语法套用以下事件来制作不同的事件处理动画。

事件名称	说　明
MouseEvent.CLICK	发生于单击鼠标动作时
MouseEvent.MOUSE_DOWN	发生于按下鼠标动作时
MouseEvent.MOUSE_UP	发生于松开鼠标动作时
MouseEvent.MOUSE_MOVE	发生于鼠标移动动作时
MouseEvent.MOUSE_OVER	发生于鼠标移入物体范围动作时
MouseEvent.MOUSE_OUT	发生于鼠标移出物体范围动作时
MouseEvent.MOUSE_WHEEL	发生于鼠标滚轮滚动动作时
MouseEvent.DOUBLE_CLICK	发生于鼠标双击动作时

招式 198 使用鼠标事件制作移入移出动作

Q 在上面的实例操作中学习了事件的处理函数，您能教教我如何将鼠标移入动画范围时，使动画停止播放，而鼠标移开动画范围时，动画开始播放吗？

A 可以。制作这种事件可以通过 MouseEvent.MOUSE_OVER：和 MouseEvent.MOUSE_OUT：鼠标移入、移出物体范围时动作来创建动画，具体操作如下。

1. 打开文档

❶ 打开本书配备的"素材\第 12 章\下雨.fla"项目文件，在文档中可以看到在舞台中添加了一个下雨的云影片剪辑实例，❷ 在舞台中选择实例，在"属性"面板中命名实例名称为 mc。

2. 创建新图层

确定当前影片剪辑实例放置到"图层 1"中，在"时间轴"中继续创建"图层 2"，将图层 2作为代码图层。

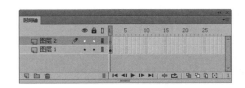

3. 创建代码片段

选择"图层 2"的第 1 帧，按 F9 键打开"动作"面板，从中输入如下所示的代码。

 知识拓展

使用 MouseEvent.MOUSE_OVER：和 MouseEvent.MOUSE_OUT：可以制作移入和移出的事件，在上面的案例中制作了移出实例时播放动画，移入实例时暂停播放动画；在此动画的基础上若要制作移出实例时停止动画的播放，移入实例时播放动画，可以将代码片段中的 stop 和 play 在事件的声明中调换过来即可。

招式 199 使用跳转函数 Stop 制作停止按钮

Q Stop 常用于什么地方，您能教教我吗？

A 可以。Stop 是停止动作的语句，具体使用方法如下。

1. 新建文档

在菜单栏中选择"文件"|"新建"命令，❶ 在弹出的"从模板新建"对话框中切换到"模板"选项卡，在"类别"列表框中选择"范例文件"选项，❷ 在"模板"列表框中选择"透视缩放"模板动画，单击"确定"按钮。

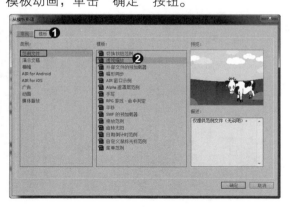

2. 停止动作代码

在该动画的基础上我们来介绍如何制作停止动作。❶ 在"时间轴"面板中新建"脚本"图层，❷ 按 F9 键，在打开的"动作"面板中输入"stop();"。

3. 测试影片

按 Ctrl+Enter 快捷键可以看到停止在第 1 帧的动画效果。

知识拓展

如果不想在第 1 帧中停止动画，想在结束动画播放的时候停止动画，可以将第 1 帧中的 "stop();" 代码删除，在 "脚本" 图层动画结尾处添加空白帧，并打开 "动作" 面板，输入 "stop();" 代码，预览动画可以发现动画播放完成后就会停止在最后一帧画面。

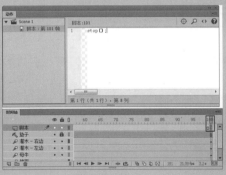 

招式 200 使用跳转轴函数 play 制作播放按钮

 Q 如何使用 play(); 函数制作一个播放按钮将动画进行播放，您能教教我吗？

A 可以。通过学习了 stop(); 函数之后，其对应的就是 play(); 函数，使用 play(); 函数制作一个播放按钮，具体操作如下：

1. 创建按钮元件

继续上面的操作，确定 "脚本" 第 1 帧有 stop 函数，❶ 在 "时间轴" 面板中新建 "按钮元件" 图层，❷ 创建并添加按钮元件。

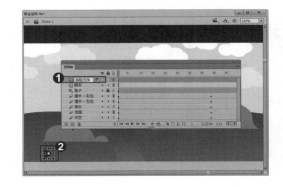

2. 命名按钮

创建"播放"按钮后，在舞台中选择"播放"按钮实例，在"属性"面板中命名实例名称为 btn。

3. 输入代码

命名实例后，按 F9 键，在打开的"动作"面板中输入以下代码，该代码中定义了 btn 的时间类型，并声明单击事件，单击时间为 play();，创建代码后，按 **Ctrl+Enter** 快捷键预览影片，可以单击"播放"按钮来播放动画。

知识拓展

使用以上的代码我们还可以创建暂停按钮，并将以上代码中名称改写为停止按钮，将"play();"改为"stop();"即可。

招式 201 使用跳转函数 gotoAndPlay 和 gotoAndStop 制作跳转场景

Q 在多个场景时，如何使用脚本来制作跳转按钮，您能教教我吗？

A 可以。使用跳转函数 gotoAndPlay 和 gotoAndStop 制作跳转场景即可。

1. 打开文档

❶ 打开本书配备的"素材\第 12 章\跳转场景 .fla"项目文件，❷ 在项目文件中可以看到创建有"首页""春""夏""秋""冬"五个场景，接下来将在此场景的基础上创建跳转场景动画。

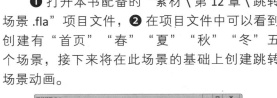

2. 命名按钮名称

❶ 在"场景"面板中进入"春"场景中，在场景中单击"返回"按钮，❷ 在"属性"面板中命名按钮名称为"fh"。

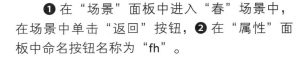

3. 创建首页代码片段

❶ 在"场景"面板中选择"首页"场景，❷ 按 F9 键，打开"动作"面板，从中输入以下代码。

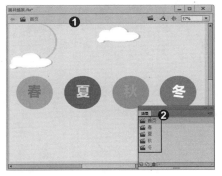

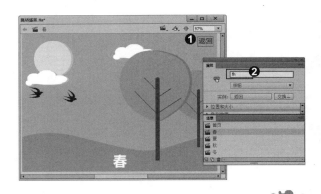

专家提示

这里场景中有春、夏、秋、冬四个按钮实例，在场景中的实例名称分别为 ct、xt、qt、dt，需要为实例命名，然后再为实例编辑代码。

4. 创建春场景代码片段

❶ 在"场景"面板中选择"春"场景，通过春场景，为返回实例设置脚本，❷ 按 F9 键，打开"动作"面板，从中输入以下代码。

 专家提示

通过以上的代码，可以将代码复制到夏、秋、冬四个场景中的"动作"面板中，并重新命名 function 的函数名称 fanhui2、fanhui3、fanhui4，需要注意的是，在不同的场景中声明的函数名称不能重复。

5. 测试影片

创建完成代码片段后，按 **Ctrl+Enter** 快捷键可以测试影片是否跳转正常，这里就不详细介绍了。

知识拓展

在以上的招式制作过程中可以发现函数的声明和定义是非常重要的，要使用函数必须先声明，声明函数只需在"动作"面板中输入 function 关键字，在关键字后面输入定义的函数，例如 log，而函数后是名称和小括号 ()，小括号中可以为其定义参数，这个小括号是声明函数的一种固定格式，最后是大括号 {}，书写的方法如下图，大括号中需要输入代码内容。

招式 202 使用跳转函数 nextframe 和 prevframe 制作相册

 **Q** 如果我想在同一个场景中放置多个图像，您能教教我如何编辑上一页和下一页的按钮代码吗？

A 可以。可以使用跳转函数 nextframe 和 prevframe 来模拟上一页和下一页。

1. 打开文档

❶ 打开本书配备的"素材 \ 第 12 章 \ 制作相册 .fla"项目文件，❷ 在项目文件中可以看到在文档中第 1 ~ 5 帧处有图像且创建有关键帧，❸ 在"库"面板中可以看到"元件 1"和"元件 2"。

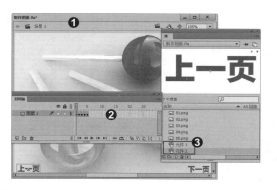

2. 命名实例

❶ 在舞台中选择"上一页"实例，❷ 在"属性"面板中将其命名为 shang。

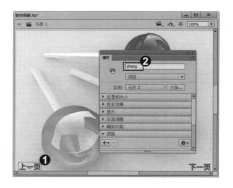

3. 继续命名实例

❶ 在舞台中选择"下一页"实例，❷ 在"属性"面板中将其命名为 xia。

4. 创建图层

在"时间轴"面板中创建新图层"代码"。

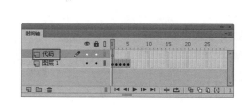

5. 创建图层

选择"代码"图层第一帧，删除多余帧。按 F9 键，打开"动作"面板，可以使用"插入实例路径和名称"按钮⊕指定一个 xia 实例的元件和 shang 实例的元件，并输入以下代码片段。

6. 输出影片

保存制作完成的动画，按 **Ctrl+Enter** 快捷键输出影片，测试影片的上一页和下一页的动作是否正确。

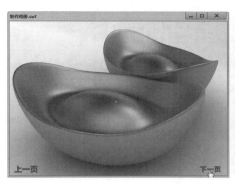 

知识拓展

浏览相册到最后一页图像时，想要返回到主页，也就是第一帧，这里需要为舞台添加一个按钮元件，并将按钮元件拖曳到舞台中，命名舞台中的按钮元件，这里命名为"sy"，并在"动作"面板中使用 goto 函数来跳转到第一帧即可。

第 13 章

探索 ActionScript 的奥秘

对象是抽象的概念，要想把抽象的对象变为具体可用的实例，则必须使用类。使用类来存储对象可保存的数据类型，以及对象可表现的行为信息。要在应用程序开发中使用对象，就必须要准备好一个类，这个过程就好比制作一个元件并将其放置到库中一样，随时可以拿出来使用。本章将从代码类的基本概念着手，逐步介绍类的定义和类的使用方法。

招式 203 如何创建自定义类文档

Q 什么是类，如何创建类文档，您能教教我吗？

A 可以。类就是一群对象所共有的特性和行为。对象是抽象的概念，要想把抽象的对象变为具体可用的实例，则必须使用类。使用类来存储对象可保存的数据类型，以及对象可表现的行为信息。要在应用程序开发中使用对象，就必须要准备好一个类，这个过程就好像制作好一个元件并把它放在库中一样，随时可以拿出来使用，创建自定义类文档的具体操作如下。

1. 新建文档

运行 Flash CC 软件，在欢迎界面中选择"新建"下的"ActionScript 文件"选项。

2. 保存代码文件

创建了 ActionScript 文件后，按 Ctrl+S 快捷键，将文件存储到一个"lei"文件夹中，命名文件为"sample.as"。

3. 输入路径

在文件的开头输入 package 关键字和 package 保存的路径，例如 package lei{}。其中 lei 就是保存文件的目录名称，可以在大括号中输入 import 语句，该语句可以引入其他类。

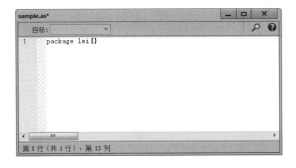

4. 输入类名字

继续在新的一行中输入 class 关键字和类的名字，如 class sample{}，在 class 后的大括号内输入对类定义的内容，包括构造函数，属性和方法。

知识拓展

　　另外通过选择菜单栏中的"文件"|"新建"命令，在弹出的"新建文档"对话框中选择"ActionScript 文件"选项，单击"确定"按钮，同样也可以创建自定义类文件。

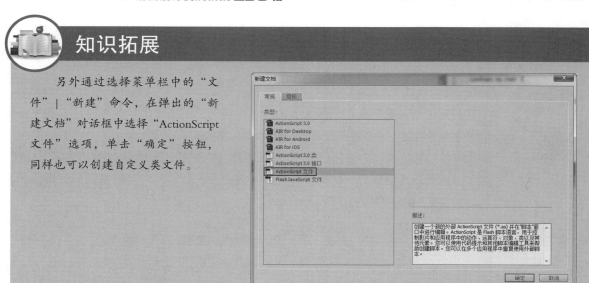

招式 204 如何创建类

Q 如何创建类的实例，您能教教我吗？

A 可以。使用 ActionScript 3.0 类创建具有格式的类文件。

1. ActionScript 3.0 类

　　在菜单栏中选择"文件"|"新建"命令，在弹出的"新建文档"对话框中选择"ActionScript3.0 类"选项，将"类名称"命名为"as"。

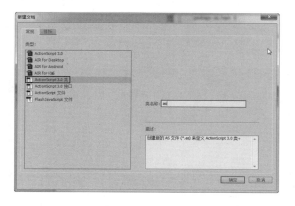

2. 创建类

　　单击"确定"按钮，创建带有代码段格式的类文件。

知识拓展

另外可以将已有文件中的代码存储为类，例如我们使用前面制作的"元件脚本.fla"项目文件，❶ 在舞台的空白处单击，在打开的"属性"面板中可以发现"发布"中的"类"，从中可以为该项目文件转换的类命名，❷ 单击"编辑类定义"按钮，弹出一个存储类的提示对话框，再单击"确定"按钮，打开一个类文件，使用该方法同样可以创建和存储类。

招式 205　影片剪辑类创建随机草莓

Q 您能详细讲述如何使用类来制作动画吗？

A 可以。下面我们将介绍使用影片剪辑类创建一个随机生成的草莓动画。

1. 打开文档

❶ 打开本书配备的"素材\第13章\草莓.fla"项目文件，可以看到在舞台中没有任何形状或实例，❷ 在"库"面板中有一个"草莓"影片剪辑。

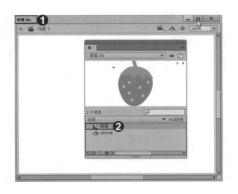

2. 设置影片剪辑的属性

❶ 在"库"面板中的影片剪辑上单击鼠标左键，在弹出的快捷菜单中选择"属性"命令，❷ 在弹出的"元件属性"对话框中展开"高级"选项，并在"ActionScript 链接"选项组中勾选"为ActionScript 导出"复选框。

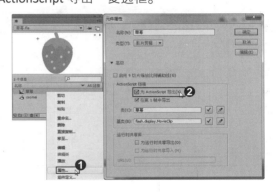

3. 命名类名称

❶ 命名类的名称为 strawberry，也就是将原库中的影片剪辑元件定义成一个自定义类别，单击"确定"按钮，❷ 在弹出的警告对话框中使用默认设置，单击"确定"按钮即可。

4. 输入代码

按 F9 键，打开"动作"面板，输入以下代码。

5. 测试影片

按 Ctrl+Enter 快捷键输出影片，测试影片剪辑效果，可以看到影片开始是空白的，通过单击创建旋转中的草莓动画。

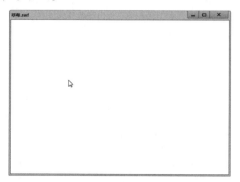 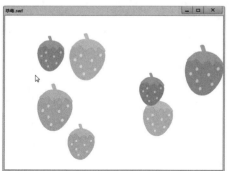

知识拓展

下面介绍一下在 AS3.0 中常用的影片剪辑属性，如下表所示。

属性名称	属性含义	说　明
X	中心点所在相对 X 坐标 (像素单位)	设置影片剪辑 (X，Y) 坐标，该坐标相对于父级影片剪辑的本地坐标。如果影片剪辑在主时间轴中，则坐标系统将在舞台的左上角坐标为 (0,0)。影片剪辑的坐标指的是注册点的位置
Y	中心点所在相对 Y 坐标 (像素单位)	

续表

属性名称	属性含义	说　明
scaleX	设置或取得横向缩放比例	设置或取得从影片剪辑注册点开始应用的该影片剪辑的水平和垂直缩放比例。默认注册点坐标为 (0,0)，默认值为 1，即缩放比例为 100%
scaleY	设置或取得纵向缩放比例	
rotation	相对旋转角度 (度单位)	以度为单位，距其原始方向的旋转程度。0~180 的值表示顺时针旋转，从 0~180 的值表示逆时针旋转，如果指定的数值超过此范围，则指定的数值会被加上或减去 360 的倍数，以获得该范围之内的数值
width	相对显示宽度 (像素单位)	影片剪辑的宽度 (以像素为单位)
height	相对显示高度 (像素单位)	影片剪辑的高度 (以像素为单位)
alpha	透明度的取得与设定	设定或取得影片剪辑的透明度值。有效值为 0(完全透明)~1(完全不透明)，默认值为 1
name	实例名称	指定影片剪辑的实例名称
visible	是否可见	一个布尔值，设置影片剪辑是否显示。不可见的影片剪辑 (visible 属性设置为 false) 处于禁用状态，即该影片剪辑的 enabled 属性值也同时被设为 false，表示该影片剪辑既看不见也无法使用
currentFrame	获取目前所在的帧	只读属性，通过 currentFrame 属性可以获取影片剪辑播放头所处帧的编号
totalFrame	全部的帧数	只读属性，通过 totalFrame 属性可以获取影片剪辑的帧总数
numChildren	影片剪辑中的子对象个数	只读属性，获取影片剪辑中子对象个数
parent	父级容器或对象	指定或返回一个引用，该引用指向包含当前影片剪辑或对象的影片剪辑或对象
this	当前对象或实例	引用对象或影片剪辑实例
mouseX	返回鼠标位置的 X 坐标	只读属性，返回相对于此影片剪辑注册点的鼠标位置 X 坐标
mouseY	返回鼠标位置的 Y 坐标	只读属性，返回相对于此影片剪辑注册点的鼠标位置 Y 坐标
useHandCursor	设定是否具有手形指针特性	布尔值，设置当前鼠标经过影片剪辑时是否显示手指形状的鼠标指针
buttonMode	设定是否具有按钮特性	布尔值，可将影片剪辑设置为按钮模式，让影片剪辑具有按钮特性
focusRect	设置是否显示角点框	布尔值，指定当前按钮具有键盘焦点时，其四周是否有黄色矩形。默认值为 false
mask	指定遮罩对象	设定影片剪辑的遮罩对象
quality	品质属性	设置或检索用于影片剪辑的呈现品质。可使用的属性值 StageQuality.BEST 等

招式 **206** 影片剪辑类制作下雪效果

Q 影片剪辑与 Flash 中的 MC 有什么区别，您能再举例制作一个影片剪辑的动画吗？

A 可以。MovieClip 就是影片剪辑，Flash 里面的影片剪辑，简称 MC。

1. 新建文档

❶ 运行 Flash 软件，新建一个文档，导入本书配备的"素材\第 13 章\雪景 .jpg"素材文件，导入素材后，❷ 在"属性"面板中设置舞台大小为 480×300，并调整素材到符合舞台的大小。

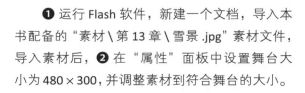

2. 创建形状

❶ 将雪景素材所在的图层"图层 1"锁定，在"时间轴"面板中新建一个"雪花"图层，❷ 使用"矩形工具"按钮，在舞台中绘制矩形。

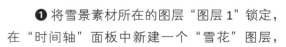

3. 转换为元件

❶ 在舞台中选择创建的矩形，按 F8 键，在弹出的"转换为元件"对话框中命名"名称"为"雪花层"，设置"类型"为"影片剪辑"，❷ 单击"确定"按钮。

4. 调整雪花层的位置

在舞台中选择创建的"雪花层"实例，在"属性"面板中设置"位置和大小"中的 X 为 0，Y 为 0。

5. 编辑实例

在舞台中双击雪花层的实例，进入元件编辑模式舞台，从中将矩形删除，这里将元件设置为一个空的元件，返回到场景舞台，命名实例名称为 "xuehua"。

6. 创建图形

❶ 使用 "椭圆工具" 按钮，在舞台中创建椭圆，❷ 填充椭圆为 "径向渐变"，渐变颜色为白色到透明白色的渐变，使用 "渐变变形工具" 按钮 调整填充的颜色。

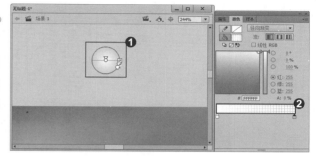

7. 转换为元件

❶ 选择调整渐变后的图像，按 F8 键，在弹出的 "转换为元件" 对话框中设置 "名称" 为 "snow"，选择 "类型" 为 "影片剪辑"，❷ 设置 "对齐" 方式为居中，❸ 单击 "确定" 按钮。

8. 选择 "属性" 命令

转换为元件后将舞台中的 snow 实例删除，因为我们会用代码生成雪粒子，在 "库" 面板中选择 "snow" 元件，单击鼠标右键，在弹出的快捷菜单中选择 "属性" 命令。

9. 绑定 as 类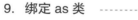

❶ 弹出 "元件属性" 对话框，从中选择 "高级"，❷ 命名 "类" 为 "snow"，"基类" 使用默认的影片剪辑类，❸ 单击 "编辑类定义" 按钮。

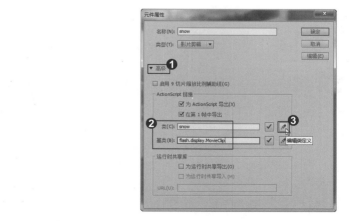

10. 打开 as 类文件

单击"编辑类定义" 按钮后，打开 as 类代码编辑，可以看到系统自定义出的剪辑类。

11. 存储文档和类包

将制作的文档和 as 类代码文件进行存储，存储到本书配备的"效果\第 13 章"文件中，命名文件名为"下雪"，并命名存储的 as 类代码文件为 snow。

12. 创建图层

在"时间轴"面板中创建"脚本"图层，选择"脚本"图层的第 1 帧，按 F9 键打开"动作"面板。

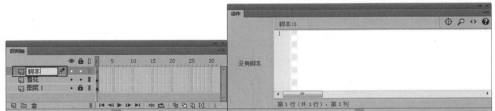

13. 编辑 as 类

在 snow.as 类包中声明两个变量，如下图所示，编辑类包之后，将 as 代码再次存储。

14. 编辑代码

在"动作"面板中输入一下代码，双斜杠\\后是注释，不需要输入。

知识拓展

在编写代码片段时，var 是用于声明的函数。使用 var 关键字来声明变量，格式如下图所示，变量名加冒号加数据类型就是声明的变量基本格式，要声明一个初始值，需要加上一个等号并在其后输入相应的值，但值的类型必须要和前面的数据类型一致。

数据类型包括整数 int 变量；string 字符串变量；boolean 布尔变量。

```
/*   var  变量名：数据类型；
     var  变量名：数据类型=值
```

招式 207 影片剪辑类制作下雨效果

Q 使用影片剪辑类必须要使用影片剪辑元件吗？您能再列举一个影片剪辑的实例吗？

A 可以。您创建的影片剪辑元件就是 MovieClip，只要是在 Flash 中创建了影片剪辑元件，Flash 就会自动将该元件添加到文档的库中，MovieClip 会默认其为该类的一个实例，也就是具有了该类的属性。在 ActionScript 3.0 中，MovieClip 是 Sprite 类的子类。对于面向编程的程序人员来说，它的用处已经不大，但是对于习惯在 Flash 中创建动画，并使用代码控制的动画设计人员来说，它还是有着非常重要的作用，下面我们再介绍一个使用 ActionScript 技术来编辑影片——下雨效果，使其不断的下落的效果。

1. 新建文档

运行 Flash 软件，新建一个文档，在舞台中导入本书配备的"素材 \ 第 13 章 \ 下雨 .png"素材文件。导入素材后，在菜单栏中选择"修改" | "文档"命令，在弹出的"文档设置"对话框中单击"匹配内容"按钮，设置舞台大小与素材图像大小相同。

2. 创建新元件

新建文档之后，在菜单栏中选择"插入" | "新建元件"命令，❶ 在弹出的"创建新元件"对话框中设置"名称"为"yd"，并设置"类型"为"影片剪辑"，❷ 单击"确定"按钮。

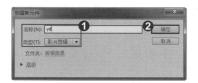

3. 创建雨滴

❶ 进入元件编辑模式场景，❷ 使用"线条工具"按钮✎，在舞台中绘制一条线段，❸ 在时间轴的第 24 帧插入关键帧，然后选中该帧处的线条，将其向左下方移动一段距离，这里移动的距离就是雨点从天空落向地面的距离，最后在第 1 帧和第 24 帧创建传统补间动画。

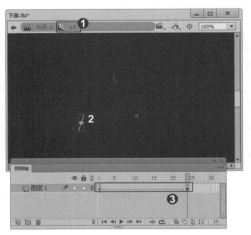

4. 创建水纹

❶ 新建"图层 2"，将其放置到"图层 1"的下方，❷ 并在"图层 2"的第 24 帧创建关键帧，使用"椭圆工具"按钮◯，在线条的下方绘制一个边框为白色、无填充的椭圆。

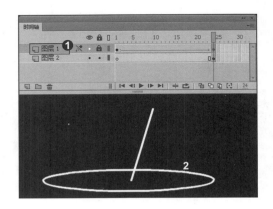

5. 转换为元件

在"图层 2"的第 24 帧，按住鼠标左键不放，将其移动到第 25 帧，选择水纹图形，按 F8 键，❶ 将其转换为图形元件，并命名为"水纹"。❷ 单击"确定"按钮。

6. 设置水纹动画

在"图层 2"的第 40 帧处插入关键帧，选择该处的椭圆，使用"任意变形工具"按钮▦，在舞台中按住 Shift 键，等比例放大水纹。❶ 选择"图层 2"的第 40 帧，选择椭圆，在"属性"面板的"色彩效果"卷展栏中设置"样式"为 Alpha，设置 Alpha 的参数为 0，使其在第 40 帧透明，❷ 并在第 25 到第 40 帧创建传统补间动画。

7. 选择 "属性" 命令

在 "库" 面板中选择 yd 影片剪辑元件，单击鼠标右键，在弹出的快捷菜单中选择 "属性" 命令。

8. 设置元件属性

打开 "元件属性" 对话框，展开 "高级" 选项，勾选 "为 ActionScript 导出" 复选框，单击 "确定" 按钮。

9. 编辑代码

返回到主场景，新建 "图层 2"，选择 "图层 2" 的第 1 帧，然后在 "动作" 面板中添加如下图所示的代码。

10. 输出影片

按 Ctrl+Enter 快捷键输出测试影片，并将制作完成的项目文件进行存储。

知识拓展

　　for 循环语句是 ActionScript 编程语言中最灵活、应用最为广泛的语句。例如我要完成一个一百以内的累加代码，❶ 先声明，然后在 for 语句中输入声明整形变量 a，且 a 等于 1；条件是这个 a 小于等于 100；执行 a 的累加 +1，这里的 "++" 是加 1 的意思。第一行为调用声明的函数，第二行为声明函数，第三行为声明一个整形 b，第四行为声明的整形 b 等于 0，第五行为 for 语句，第七行为执行的语句 b 等于 b 加 a，第八行为输出两个数分别为 a 和 b。❷ 按 Ctrl+Enter 快捷键查看一百以内的累加，第一列为每次循环得到 a 的参数，第二列为递加执行循环语句的结果。

招式 208　管理对象深度创建叠加交换的照片

Q　什么是管理对象深度，对象深度可以制作什么样的动画，您能教教我么？

A　可以。在 Flash 中，所有的显示对象都位于它们各自的深度上，所谓深度，就是元件在场景上摆放的顺序，深度越小的放置在越下层，反之在越上层，下面我们将使用管理对象深度的方法简单地创建一个交换照片的动画。

1 打开文档

　　打开本书配备的"素材 \ 第 13 章 \ 制作照片交换 .fla"项目文件，可以看到在舞台中添加的图像影片剪辑实例。

2. 创建图层

　　打开的文档中的四个影片剪辑实例在"属性"面板中分别命名了名称：p1_mc、p2_mc、p3_mc 和 p4_mc，并在"时间轴"面板中添加 as 图层。

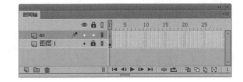

3. 编写代码片段

选择 as 图层的第 1 帧，按 F9 键，打开"动作"面板，从中输入以下代码片段。

4. 测试影片

添加代码片段后，按 Ctrl+Enter 快捷键测试影片，可以发现鼠标移动到图像影片剪辑实例上时，其他图像影片剪辑实例会变得透明，单击一个图像时该图像会放大。

知识拓展

添加一个现实对象时，系统会自动分配深度值，但是 ActionScript 3.0 也提供了深度管理的相关方法，可以通过以下方法管理显示对象的深度值。

方　　法	说　　明
addChildAt()	将一个显示对象实例添加到指定深度值位置上
getChildAt()	返回位于指定深度值位置处的显示对象实例
getChildIndex()	返回指定显示对象实例的深度值
removeChildAt()	删除指定深度上的显示对象实例
setChildIndex()	更改指定显示对象实例的深度值
swapChildren()	交换两个显示对象实例的深度值
swapChildrenAt()	通过指定深度值交换两个显示对象实例

招式 209 使用鼠标拖动 startDrag 函数制作逗小猫

 Q startDrag 函数可以制作什么样的动画效果，您能教教我吗？

A 可以。startDrag 函数是一个鼠标事件，针对影片剪辑实例，可以实现影片剪辑跟随鼠标移动的动画，下面将介绍一个逗小猫的 Flash 小动画来简单地讲述在什么情况下可以使用 startDrag 函数。

1. 打开文档

❶ 打开本书配备的"素材\第 13 章\逗小猫.fla"项目文件，❷ 可以看到在舞台中添加的两个影片剪辑实例。

2. 创建图层

在舞台中选择小猫形状，在"属性"面板中将其命名为 mao_mc，将球体命名为 qiu_mc，并在"时间轴"面板中添加 as 图层。

3. 编写代码

选择 as 图层的第 1 帧，按 F9 键，在打开的"动作"面板中编写以下代码。

4. 测试影片

添加代码片段后，按 Ctrl+Enter 快捷键测试影片，可以发现红色的小球替代了鼠标指针，而小猫影片剪辑将跟随小球移动。

知识拓展

如果要使用 startDrag 函数制作影片剪辑跟随动画其实代码非常简单，首先要使用 Mouse.hide 函数来隐藏鼠标指针，然后指定影片剪辑名称的 startDrag 为 true，说明影片剪辑可以被拖动。

★★★★★ 招式 210 鼠标跟随动画制作跟随鼠标的彩圈

Q 能不能继续教教我如何制作更多的鼠标跟随实例吗？

A 可以。下面介绍使用 **startDrag** 函数制作鼠标跟随动画，并结合使用 **moveHandle** 函数来侦听鼠标移动事件。

1. 创建影片剪辑

❶ 新建一个空白文档，创建一个影片剪辑"圆"，❷ 并在元件编辑模式场景中绘制圆。

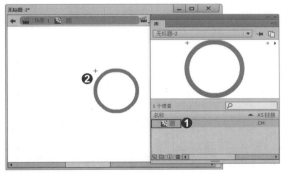

2. 设置影片剪辑属性

创建影片剪辑后，❶ 鼠标右击影片剪辑，在弹出的快捷菜单中选择"属性"命令，❷ 在弹出的"元件属性"对话框中勾选"为 ActionScript 导出"复选框，并命名"类"为 CM，❸ 单击"确定"按钮。

3. 编辑代码

返回到"场景"舞台，按 F9 键，在打开的"动作"面板中输入代码片段。

```
1   var mm:CM=new CM();
2   addChildAt(mm,0);
3   mm.startDrag(true);
4   Mouse.hide();
5   for(var i=1;i<30;i++){
6       var cm:CM=new CM();
7       this.addChildAt(cm,i);
8       var thecolor=new ColorTransform();
9       thecolor.color=Math.floor(Math.random()*0xFFFF88);
10      cm.transform.colorTransform=thecolor;
11  }
12  stage.addEventListener(MouseEvent.MOUSE_MOVE,moveHandle);
13  function moveHandle(e:MouseEvent){
14      for(var j=1;j<30;j++){
15          this.getChildAt(j).x+=(this.getChildAt(j-1).x-this.getChildAt(j).x)*0.2;
16          this.getChildAt(j).y+=(this.getChildAt(j-1).y-this.getChildAt(j).y)*0.2;
17          e.updateAfterEvent();
18      }
19  }
20
```

第 20 行（共 20 行），第 1 列

4. 测试影片

添加代码片段后，按 Ctrl+Enter 快捷键测试影片，移动鼠标可以看到圆圈跟随鼠标运动的动画。

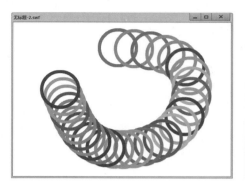 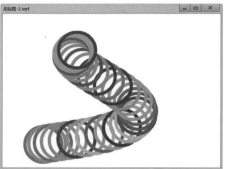

知识拓展

通过以上的代码可以制作出不同形状跟随鼠标运动的动画，或者直接调用以上代码，将影片剪辑图形的形状进行更改，完成不同形状跟随鼠标的效果。

 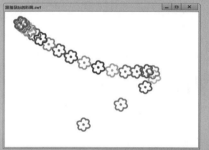

★★★★☆ 招式 211 鼠标跟随动画制作文字跟随鼠标

Q 可否根据鼠标移动动画来制作文字跟随的动画，您能教教我吗？

A 可以。下面将介绍一个简单的文字跟随鼠标的动画。

1. 创建文档

❶ 新建 Flash 文档，❷ 并设置默认图层名称为 as，下面将使用 as 图层来编辑代码。

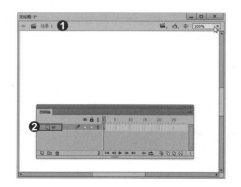

2. 编辑代码

选择 as 图层，按 F9 键，在打开的"动作"面板中输入以下代码片段。

3. 测试影片

创建代码片段后，按 **Ctrl+Enter** 快捷键测试影片动画效果，可以看到跟随鼠标的文字动画。

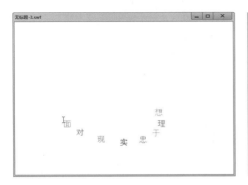

知识拓展

在制作跟随鼠标的彩圈和文字跟随鼠标的两个招式代码中都出现了 ColorTransform 类的定义和使用，ColorTransform 类可以精确地调整影片剪辑中的所有对象的颜色值，使用 ColorTransform 类时必须使用 new 来重新定义 new ColorTransform 才可以使用 ColorTransform 对象的属性和方法。指定 color 属性的值必须是十六进制表示法，在指定值的前面必须加上 0x 作为标记，例如我们将之前的逗小猫动画中的球体赋予一个 ColorTransform 类，来制作根据鼠标的移动小球不断变换颜色的动画。

招式 212 使用停止鼠标拖动 stopDrag 函数制作松开的小球

Q addEventListener 是什么，如何使用，您能教教我吗？

A 可以。addEventListener 是一个侦听事件并处理相应的函数。下面我们讲述 addEventListener 的使用。

1. 打开文档

❶ 打开本书配备的"素材 \ 第 13 章 \ 冰激凌 .fla"项目文件，❷ 在舞台中选择樱桃实例，在"属性"面板中命名实例名称为 mc。

2. 编辑代码

命名实例名称后，❶ 在"时间轴"面板中新建 as 图层，❷ 按 F9 键，打开"动作"面板，从中输入简单的声明、定义鼠标的拖动和停止拖动动作的代码片段。

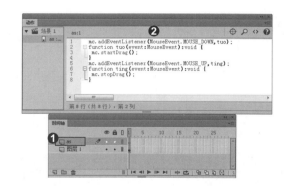

3. 输出影片

创建代码片段后，按 Ctrl+Enter 快捷键输出测试影片，按住鼠标可以拖动樱桃的位置，释放鼠标可以将樱桃放置到当前位置。

知识拓展

使用拖动和拖动停止可以制作许多鼠标互动的游戏动画，例如利用招式中的代码片段可以制作拼图和积木，还可以制作更多的移动和鼠标互动动画。一个舞台中有多个可拖动对象，可以发挥自己的想象制作出自己需要的鼠标交互动画。

招式 213　日期 Date 类获取当前日期值

Q 日期 Date 类可以创建什么动画，您能教教我吗？

A 可以。使用 Date 类可以获取系统的日期，具体的使用方法如下。

1. 创建文档

❶ 创建一个空白的文档，使用"文本工具"按钮 T，在舞台中绘制文本框，❷ 在"属性"面板中设置字符"大小"为 20，在"段落"中设置"行为"为"多行"。

2. 命名文本框

创建文本框之后，使用"选择工具"按钮 ，在舞台中选择文本框，在"属性"面板中命名文本的名称为 time_txt。

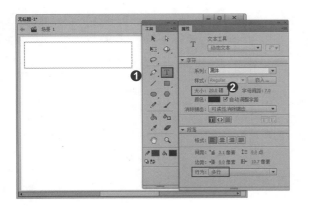

3. 字体嵌入

在菜单栏中选择"文本"|"字体嵌入"命令，❶ 在弹出的"字体嵌入"对话框中选择字体"系列"为"黑体"，在"字符范围"中勾选"大写""小写""数字""标点符号"复选框，并在"还包含这些字符"列表框中输入冒号：，❷ 单击 ➕ 按钮，嵌入当前字体，❸ 单击"确定"按钮。

4. 编辑代码

按 F9 键，在打开的"动作"面板中输入以下代码片段。

5. 添加图像

创建代码片段后，可以为舞台设置一个位图图像作为背景，调整背景图像至文本框的下方。

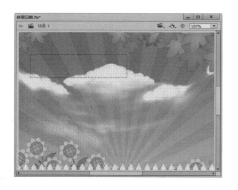

6. 测试影片

按 Ctrl+Enter 快捷键测试影片剪辑，可以看到在文本框内出现当前的日期。

知识拓展

在 Date 类中有许多重要的函数必须要了解，下面将在表中列出这些 Date 类中常用的函数及解释。

函　　数	说　　明
getFullYear()	按照本地时间返回 4 位数字的年份数
getMonth()	按照本地时间返回月份数。(0 代表一月、1 代表二月，以此类推)
getData()	按照本地时间返回某天是当前月的第几天
getDay()	按照本地时间返回指定的 Date 对象中表示周几的值(0 表示星期日、1 表示星期一，以此类推)

续表

函　　数	说　　明
getHours()	按照本地时间返回小时值
getMinutes()	按照本地时间返回分钟值
getSeconds()	按照本地时间返回秒值
setHours(hour:Number)	按照本地时间设置指定的 Date 对象的小时值，并以毫秒为单位返回新时间
setDate(date:Number)	按照本地时间设置指定的 Date 对象的月份中的日期，并以毫秒为单位返回新时间
setMonth(month:Number,[date:Number])	按照本地时间设置指定的 Date 对象的月份，并以毫秒为单位返回新时间
setYear(year:Number)	按照本地时间设置指定的 Date 对象的年份值，并以毫秒为单位返回新时间

★★★★★

招式 **214** 定时器 Timer 类制作倒计时器 🕐

Q 定时器 Timer 类可以创建什么动画，您能教教我吗？

A 可以。使用定时器 Timer 类可以制作倒计时器，具体的使用方法如下。

1. 创建文档

❶ 创建一个空白的文档，使用"文本工具"按钮 T，在舞台中绘制一个静态文本并输入文本内容，并创建一个动态文本框，❷ 使用"选择工具"按钮 ▶ 在舞台中选择动态文本框，在"属性"面板中命名文本的名称为 txt。

2. 字体嵌入

在菜单栏中选择"文本"|"字体嵌入"命令，❶ 在弹出的"字体嵌入"对话框中选择字体"系列"为"黑体"，在"字符范围"中勾选"大写""小写""数字""标点符号"复选框，并在"还包含这些字符"列表框中输入冒号：，❷ 单击 ➕ 按钮，嵌入当前字体，❸ 单击"确定"按钮。

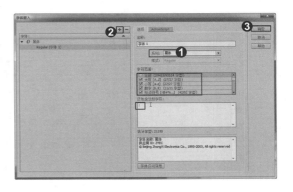

3. 编辑代码

按 F9 键，在打开的"动作"面板中输入以下代码片段。

4. 测试影片

按 Ctrl+Enter 快捷键测试影片剪辑，可以看到倒计时效果。

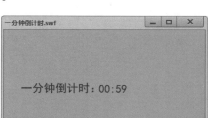

知识拓展

如果要制作一个倒计时跳转效果可以在倒计时类的代码片段中输入停止函数，并声明和定义停止跳转到帧的代码。如下图所示，在第 2 帧创建了一个效果，并在代码片段中声明和定义了停止和跳转函数。

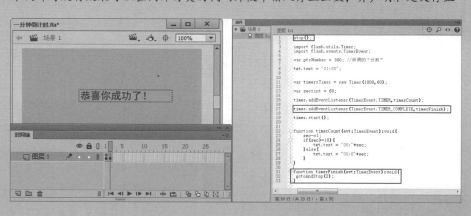

★★★★★
招式 215 使用 Date 类和 Timer 类制作动感电子时钟

Q Date 类和 Timer 类可以同时使用吗？可以制作什么动画，您能教教我吗？

A 可以同时使用 Date 类和 Timer 类。下面将使用 Date 类和 Timer 类制作一个动感电子时钟，具体操作如下。

1. 打开文档

❶ 打开本书配备的"素材\第 13 章\表盘 .fla"项目文件，❷ 在文档中可以看到"表盘"图层，将该图层进行锁定。

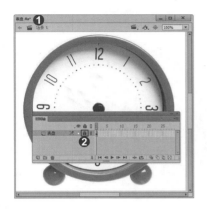

2. 创建时针

❶ 按 Ctrl+F8 快捷键创建一个新的影片剪辑，命名影片剪辑为"指针 - 时针"，❷ 在影片剪辑元件编辑模式舞台中绘制矩形，将矩形放置底部对齐舞台中心。

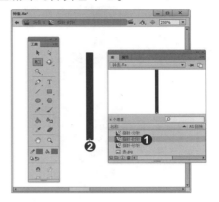

3. 创建分针

❶ 按 Ctrl+F8 快捷键创建一个新的影片剪辑，命名影片剪辑为"指针 - 分针"，❷ 在影片剪辑元件编辑模式舞台中绘制矩形，将矩形放置底部对齐舞台中心。

4. 创建秒针

❶ 按 Ctrl+F8 快捷键创建一个新的影片剪辑，命名影片剪辑为"指针 - 秒针"，❷ 在影片剪辑元件编辑模式舞台中绘制矩形，将矩形放置底部对齐舞台中心。

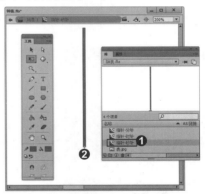

5. 命名秒针实例

❶ 返回到"场景"舞台，❷ 在"时间轴"面板中创建"秒针"图层，❸ 在"库"面板中拖曳"指针 - 秒针"到舞台，并在"属性"面板中命名实例名称为 second_mc。

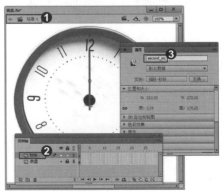

6. 调整秒针的中心

在舞台中调整秒针到合适的位置，❶ 在工具箱中选择"任意变形工具"按钮 ⬚，❷ 舞台中选择秒针元件，调整其中心为底部。

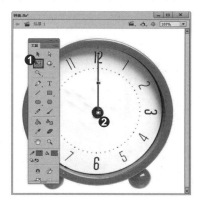

7. 命名分针实例

❶ 在"时间轴"中创建"分针"图层，❷ 在"库"面板中拖曳"指针-分针"到舞台，并在"属性"面板中命名实例名称为 minute_mc。

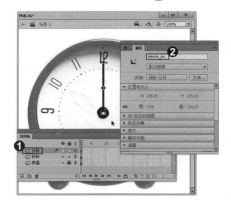

8. 命名时针实例

❶ 在"时间轴"面板中创建"时针"图层，❷ 在"库"面板中拖曳"指针-时针"到舞台，并在"属性"面板中命名实例名称为 hour_mc。

9. 创建新图层

在"时间轴"面板中创建新图层，命名新图层为 as。

10. 编辑代码

选择 as 图层，按 F9 键，打开"动作"面板，输入代码片段。

11.　测试影片

按 Ctrl+Enter 快捷键测试影片，可以看到钟表动画就制作完成了。

知识拓展

如果想要在钟表中显示电子表，可以绘制一个动态文本，并将动态文本命名为 time_txt，通过使用"字体嵌入"命令，嵌入需要显示的字体类型和字符范围，并在以上钟表的代码中添加一个获取时、分、秒的代码即可。

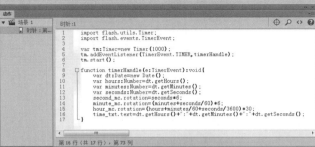

招式 **216** 使用 Loader 类制作加载和卸载图像

Q loader 类如何使用，您能教教我吗？

A 可以。ActionScript 3.0 允许加载 swf 文件，在 Flash 项目中，一般都会用一个 swf 作为主框架，然后把各个独立的功能制作成单独的 swf 文件，在需要的时候加载进入主框架。由于每个 swf 模块由各自的 FLA 文档编译，这就使得多个开发者可以并行开发，缩短开发周期。下面我们将简单介绍如何使用 Loader 类加载和卸载文件。

1.　打开文档

❶ 打开本书配备的"素材 \ 第 13 章 \ 加载和卸载 .fla"项目文件，❷ 在文档中可以看到两个按钮实例，在舞台中选择加载按钮实例，❸ 在"属性"面板中将其命名为 load_btn。

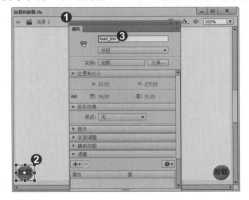

2. 命名实例按钮名称

❶ 在舞台中选择卸载按钮实例，❷ 在"属性"面板中命名卸载实例按钮的名称为 unload_btn。

4. 编辑代码

创建新图层 as，按 F9 键，在打开的"动作"面板中输入以下代码片段。

3. 设置舞台的大小

❶ 在文档舞台的空白处单击鼠标右键，在打开的"属性"面板中设置舞台的"大小"为 600×520，❷ 调整舞台中的按钮到舞台的底部。

5. 测试影片

按 Ctrl+Enter 快捷键测试影片，可以看到完成的加载和卸载效果，单击"加载"按钮可以加载图像，单击"卸载"按钮可以删除当前图像。

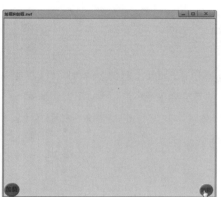

知识拓展

本案例介绍了如何使用 Loader 类加载外部素材到程序中。在 Loader 类中有许多重要的函数必须要了解，下面将在表中列出这些 Loader 类中常用的函数及说明。

函　　数	说　　明
Loader ()	构造函数，用于构造 Loader 对象
load(素材位置：URLRequest)	用于加载 swf 文件或图像 (JPG、PNG、GIF) 文件
unload()	卸载 load() 方法加载的对象
close()	取消 load() 方法目前正在进行的加载动作
contentLoaderInfo()	传回在调用 load 方法时自动生成的 LoaderInfo 对象

★★★★

招式 **217** 使用 LoaderInfo 类制作预载动画

Q LoaderInfo 类和 Loader 类有什么区别，您能教教我如何使用 LoaderInfo 类吗？

A 可以。因为网络的下载速度及素材大小的原因，在网络上下载素材常常伴随着等候的时间长短不一，更有甚者，由于网络中断或者素材地址错误而导致下载失败。此时，若是有一个下载动画或者进度条提示，便可以解除使用者等候的疑虑或者盲目等待，那就显得比较人性化了。那么这些信息如何取得呢？这就需要依靠 LoaderInfo 类来获取有关下载的信息了。简单地讲，Loader 类只负责加载外部的素材，而 LoaderInfo 类则负责提供加载进度等相关的信息，下面我们将简单地讲述使用 LoaderInfo 类来制作一个创建的预载动画。

1. 打开文档

❶ 打开本书配备的"素材 \ 第 13 章 \ 预载动画 .fla"项目文件，❷ 在文档中创建有加载动画元件，❸ 并为元件创建了每 5 帧旋转 30° 的动画。

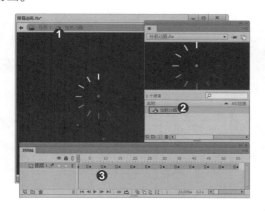

2. 设置属性

❶ 在"属性"面板中鼠标右击元件，在弹出的快捷菜单中选择"属性"命令，❷ 打开"元件属性"对话框，从中设置元件的"类型"为"影片剪辑"，并设置"类"为 PreLoader。

3. 编写代码

❶ 返回到场景中，新建 as 图层，❷ 按 F9 键，在打开的"动作"面板中输入以下代码。

4. 测试影片

按 Ctrl+Enter 快捷键测试影片，可以看到转动的影片剪辑以及影片剪辑下显示的加载百分数，加载完成后可以看到需要加载的图像。

知识拓展

下面将在表中列出 LoaderInfo 类的属性、事件函数和说明。

函 数	说 明
EVENT.COMPLETE	加载外部素材完毕时系统自动触发
ProgressEvent.PROGRESS	加载过程中系统自动不断触发
EVENT.INIT	已加载的 swf 文件的属性和方法可以访问时系统自动触发
IOErrorEvent.IO_ERROR	加载过程中出错时系统自动触发
EVENT.UNLOAD	调用 unload() 方法卸载加载内容时系统自动触发
bytesLoaded	素材已加载的字节数
bytes Total	素材总的字节数
content	素材加载完毕后呈现的内容
heigth	已加载素材的高度
width	已加载素材的宽度

招式 218　使用 URLLoader 类加载外部文本文件

Q URLLoader 类主要用来做什么，您能教教我吗？

A 可以。ActionScript API 允许 URLLoader 类对象动态加载外部数据到 Flash 项目中，这样就可以更新外部数据来改变 Flash 页面上显示的文字，这些外部数据包括文本、XML 文件、二进制数据或外部的变量值等。下面我们将介绍如何使用 URLLoader 类加载外部文本文件的操作。

1. 打开文档

打开本书配备的"素材\第 13 章\加载文本文件 .fla"项目文件，可以看到文档中添加的图像和文本，在此场景文档的基础上来加载外部的文本文件。

2. 创建文本框

❶ 在舞台中创建文本框，❷ 在"属性"面板中设置文本框名称为 website_txt，选择"动态文本"，设置字体为"黑体"，设置字符大小为 20，在"段落"卷展栏中设置"行为"为"多行"。

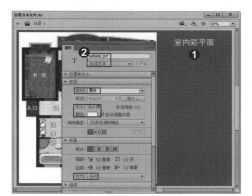

3. 保存文本内容

❶ 打开记事本，从中输入需要在 Flash 文本框中显示的文本内容，❷ 并按 Ctrl+S 快捷键，在弹出的"另存为"对话框中将文本存储为"素材\第 13 章\caiping.txt"，选择"编码"为 UTF-8，❸ 单击"保存"按钮。

4. 字体嵌入

在菜单栏中选择"文本"|"字体嵌入"命令，❶在弹出的"字体嵌入"对话框中设置"系列"为"黑体"，在"字符范围"列表框中勾选"简体中文""中文""大写""小写""数字""标点符号"复选框，❷单击 ➕ 按钮，嵌入当前字体，❸单击"确定"按钮。

5. 编写代码

❶ 在"时间轴"面板中新建图层，❷ 按 F9 键，在打开的"动作"面板中输入以下脚本。

```
import flash.net.URLLoader;
import flash.net.URLRequest;
import flash.events.Event;

var urlLoader:URLLoader=new URLLoader();
var url:URLRequest=new URLRequest("caiping.txt");
urlLoader.load(url);

urlLoader.addEventListener(Event.COMPLETE,completeHandle);
function completeHandle(e:Event){
    website_txt.text=urlLoader.data;
}
```

6. 测试影片

按 Ctrl+Enter 快捷键测试影片，可以看到文本框中显示的文本内容。

知识拓展

下面将在表中列出 URLLoader 类的属性和事件函数和说明。

函　　数	说　　明
URLLoader()	构造函数，用于构造 URLLoader 对象
load(素材位置：URLRequest)	用于加载外部文本文件
close()	取消 load 方法目前正在进行的加载动作
data	成功加载完毕后加载的数据
EVENT.COMPLETE	加载完毕后并将数据存于 URLLoader 对象的 data 属性之后触发此事件
ProgressEvent.PROGRESS	加载过程中收到数据时不断触发此事件
EVENT.OPEN	在调用 URLLoader.load() 方法之后开始加载时触发此事件
EVENT.IO_ERROR	在调用 URLLoader.load() 方法之后导致错误并因此中止了加载，则触发此事件

招式 219 使用 URLLoader 类加载外部 HTML 标签文本

Q 如何使用 URLLoader 类加载一些有不同颜色的文本呢，您能教教我吗？

A 可以。可以使用 HTML 标签的文字来设置字体的加粗、倾斜、颜色、下划线、对齐等，具体的操作如下。

1. 打开文档

❶ 打开本书配备的"素材 \ 第 13 章 \ 加载 HTML 文本 .fla"项目文件，在该项目文件的基础上创建文本框，❷ 在"属性"面板中设置文本框名称为 content_txt，选择"动态文本"，在"段落"卷展栏中设置"行为"为"多行"。

2. 字体嵌入

在菜单栏中选择"文本"|"字体嵌入"命令，❶ 在弹出的"字体嵌入"对话框中设置"系列"为"黑体"，在"字符范围"列表框中勾选"简体中文""中文""大写""小写""数字""标点符号"复选框，❷ 单击 ➕ 按钮，嵌入当前字体，❸ 单击"确定"按钮。

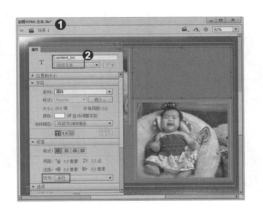

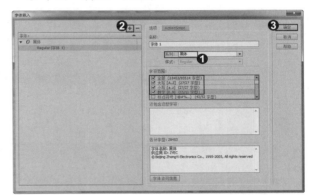

3. 保存文本内容

❶ 打开记事本，从中编写文本文件的内容，❷ 并按 Ctrl+S 快捷键，在弹出的"另存为"对话框中将文本存储为"素材 \ 第 13 章 \HTML.txt"，设置"编码"为 UTF-8，❸ 单击"保存"按钮。

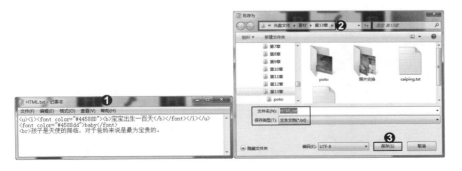

4. 编写代码

按 F9 键，在打开的"动作"面板中输入以下脚本。

5. 测试影片

按 Ctrl+Enter 快捷键测试影片，可以看到文本框中显示的文本内容。

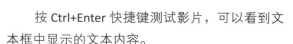

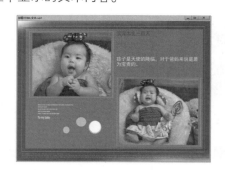

知识拓展

如果要取消文本的下划线和文本内容的效果，可以重新打开文本文件，❶ 对文本文件进行修改，修改之后，按 Ctrl+S 快捷键保存文本文件，然后再回到 Flash 的项目文件场景，❷ 按 Ctrl+Enter 快捷键测试影片，可以看到更新后的文本框中显示的文本内容。

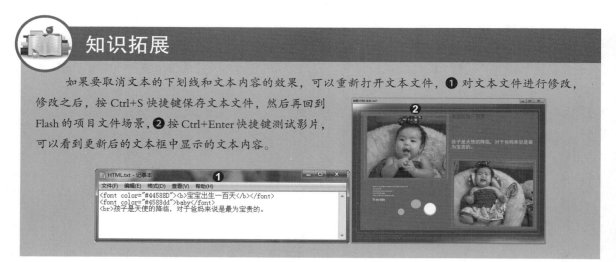

招式 220 使用 URLLoader 类加载外部变量文本文件

Q 在使用 URLLoader 类加载文本时，如果是多个文本框显示不同的内容该如何制作呢，您能教教我吗？

A 可以。使用变量数据文本即可，在文本中每个键值通过 & 符号相连。如果要传入 Flash 的文本数据，则文本内容必须是"变量＝值"配对的格式进行编辑，具体的操作如下。

1. 打开文档

打开本书配备的"素材\第 13 章\加载变量文本 .fla"项目文件，将项目文件中最上面的文本框设置为 dates_txt，设置左下角的文本框名称为 address_txt，设置右下角的文本框名称为 weChat_txt。

3. 编写代码

❶ 选择"图层 3"，❷ 按 F9 键，在打开的"动作"面板中输入以下脚本。

2. 字体嵌入

❶ 新建记事本，从中编写文本文件，❷ 编写完成后，按 Ctrl+S 快捷键，在弹出的"另存为"对话框中选择存储路径为"素材\第 13 章"，命名"文件名"为 content，❸ 设置"编码"为 UTF-8，单击"确定"按钮。

4. 测试影片

按 Ctrl+Enter 快捷键测试影片，可以看到文本框中显示的文本内容。

![知识拓展]

在编辑文本文件时，Flash 并没有强制外部数据格式一定是 UTF-8 编码，如果加载的数据不是 UTF-8 编码，可以在影片的第一帧的第一行输入以下语句，让 Flash 采用本机系统的编码。

```
1    System.useCodePage=true;
```

招式 221 键盘交互 KeyboardEvent 类制作控制移动企鹅

Q 学习了使用鼠标交互 ActionScript 可不可以制作键盘交互动画，您能教教我吗？

A 可以。KeyboardEvent 顾名思义，就是按下某个按键时触发的事件。在 ActionScript 3.0 中，任何对象都可以通过侦听器的设置来监控对象的键盘操作，与键盘相关的操作事件都属于 KeyboardEvent 类，下面就介绍如何使用键盘来控制企鹅的位置。

1. 打开文档

❶ 打开本书配备的"素材 \ 第 13 章 \ 键盘控制企鹅 .fla"项目文件，❷ 在该文档中选择企鹅影片剪辑元件，在"属性"面板中设置实例名称为 qie_mc。

2. 编辑代码

❶ 在"时间轴"面板中选择 as 图层，❷ 按 F9 键，打开"动作"面板，从中输入代码片段。

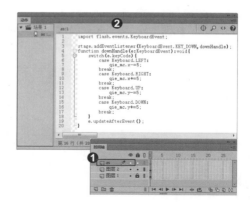

3. 测试影片

按 Ctrl+Enter 快捷键测试影片，使用键盘上的上下左右键来调整企鹅的位置。

知识拓展

键盘事件共分为两种：KeyboardEvent.KEY_DOWN 和 KeyboardEvent.KEY_UP，在 ActionScript 3.0 中的键盘事件使用中可以直接用 stage 作为侦听对象。键盘事件常用的属性、方法和时间如下表所示。

方法、属性和时间	说　　明
KeyboardEvent.KEY_DOWN 事件	当按下任意按键时，若按着不放将会被连续触发
KeyboardEvent.KEY_UP 事件	当放开任意按键时，将会被触发
charCode 属性	ASCII 码的十进制表示法，可表示大小写字母
keyCode 属性	键盘码值，特殊按键，如方向键等需要一 keyCode 表示
ctrlKey 属性	是否按住 Ctrl 键
altKey 属性	是否按住 Alt 键
shiftKey 属性	是否按住 Shift 键
updateAfterEvent() 方法	指示 Flash Player 在此事件处理完毕后重新渲染场景

招式 222　检测碰撞方法制作碰花游戏

Q 什么是检测碰撞方法，具体该如何使用，您能教教我吗？

A 可以。在 Flash 互动设计中，特别是在 Flash 游戏设计制作中，需要知道两个或多个影片剪辑是否重叠或相交，如运动的炮弹碰撞到物体发生爆炸，两辆汽车发生碰撞产生翻车效果等。要想创建这些类型的交互对象，就需判断一个对象是否与另一个对象接触，这种方法叫做碰撞检测。

1. 打开文档

❶ 打开本书配备的"素材\第 13 章\碰撞检测 .fla"项目文件，❷ 在该项目文件中提供了一个旋转的花朵影片剪辑元件。

2. 设置元件属性

❶ 在"库"面板中鼠标右击花朵元件，在弹出的快捷菜单中选择"属性"命令，❷ 在弹出的"元件属性"对话框中勾选"为 ActionScript 导出"复选框，并设置"类"为 Flower，❸ 单击"确定"按钮。

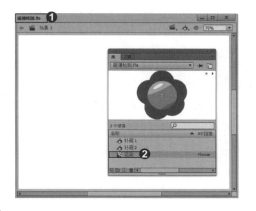

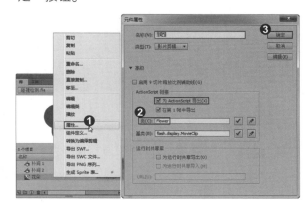

3. 输入代码

在场景中按 F9 键，打开"动作"面板，从中输入代码片段。

4. 测试影片

输入代码片段后，按 Ctrl+Enter 快捷键预览动画，可以看到舞台中随机分布了十朵花，当鼠标碰触到舞台中随机分布的五朵花时，花朵会立即多开到另外的位置，并随机给多开的花朵分配颜色。

知识拓展

若要每个随时分配的花朵都产生碰撞效果，只需更改以下代码片段中标出的代码段即可，测试影片即可产生每个花朵都有碰撞的效果。

招式 223 使用自定义外部类制作满天的泡泡

Q 前面我们学习了如何创建类文件，那么如何自定义类，并结合自定义的类来创建动画，您能教教我吗？

A 可以。下面我们将介绍如何自定义类的内容，并结合使用自定义的类创建一个简单的满天泡泡的效果，具体操作如下：

第 13 章 探索 ActionScript 的奥秘

1. 打开文档

❶ 打开本书配备的"素材 \ 第 13 章 \ 泡泡 .fla"项目文件，❷ 在该项目文件中我们提供了一个 MoveBall 泡泡影片剪辑元件。

2. 设置元件属性

在"库"面板中鼠标右击 MoveBall 元件，在弹出的快捷菜单中选择"属性"命令，❶ 弹出"元件属性"对话框，❷ 选中"为 ActionScript 导出"复选框，并设置"类"为 MoveBall，❸ 单击"确定"按钮。

3. 新建 AS 文件

在菜单栏中选择"文件"|"新建"命令，❶ 弹出"新建文档"对话框，在"类型"列表框中选择"ActionScript 文件"选项，❷ 单击"确定"按钮。

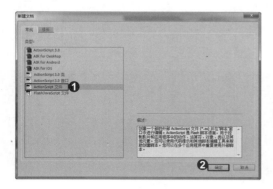

4. 输入脚本

新建"脚本 -1"文档，在其中输入以下代码片段，该代码片段定义了大小以及运动速度类，但没有精确设置参数，这就是一个类脚本。

5. 保存 AS 文件

在菜单栏中选择"文件"|"保存"命令，❶ 弹出"另存为"对话框，将 AS 脚本存储到"效果 \ 第 13 章"路径中，❷ 为文件命名，设置"保存类型"为 as，❸ 单击"确定"按钮。

6. 存储文档

❶ 将打开的"泡泡"文档也存储到脚本的位置，也可以重新命名文件名，❷ 单击"保存"按钮。

7. 输入代码片段

存储文档和脚本之后，可以将脚本关闭，选择文档，按 F9 键，在弹出的"动作"面板中输入以下代码，定义类中的一些变量参数。

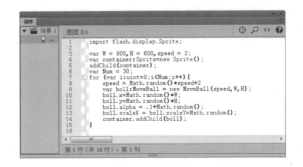

8. 存储文档

编写代码后，按 Ctrl+Enter 快捷键，输出并预览动画，可以看到制作出的动画。

知识拓展

使用这个类可以制作许多动画效果，例如飞舞的蒲公英，可以在"动作"面板中增加 Speed 后的参数来加速上升的效果。

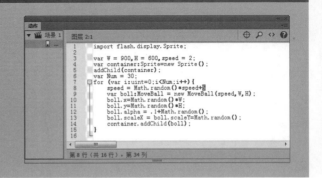

14

第 14 章

Flash 中的组件

组件是带有参数的影片剪辑，可以修改其外观和行为。组件既可以是简单的用户界面空间，也可以包含内容。

使用组件可以将应用程序的设计过程和编码过程分开，通过组件，可以重复利用自己创建的组件中的代码，也可以通过下载并安装其他开发人员创建的组件来重复利用其中的代码。

通过使用组件，代码编写者可以创建设计人员在应用程序中能用到的功能。开发人员可以将功能封装在组件中，设计人员可以自定义组件的外观和行为。

招式 224 使用 Button 创建用户界面按钮

Q 如何创建用户界面按钮，您能教教我吗？

A 可以。使用组件中的 **Button** 即可创建，具体创建的操作如下：

1. 导入图像

运行 Flash CC 软件，新建一个空白文档，在菜单栏中选择"文件"|"导入"|"导入到舞台"命令，导入本书配备的"素材\第 14 章\壁纸 01~05.jpg"素材文件，选择其中一张素材，单击"打开"按钮，弹出是否导入序列中的所有图像对话框，单击"是"按钮即可。

2. 导入的素材

导入素材序列到舞台后，可以在"时间轴"面板中"图层 1"上看到每张图像均放到一个关键帧中。

3. 文档设置

在菜单栏中选择"修改"|"文档"命令，❶ 在弹出的"文档设置"对话框中单击"匹配内容"按钮，将舞台大小与导入的素材文档大小相匹配，❷ 单击"确定"按钮。

4. 添加代码 stop();

打开"动作"面板，依次在"图层 1"的第 1 帧到第 5 帧，添加代码"**stop();**"，使这些图像不要自动播放。

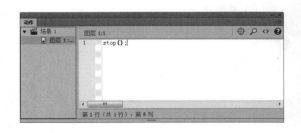

5. 输入文本

新建"图层 2"，使用"文本工具"按钮 T，❶ 在舞台中输入文本，❷ 并设置文本的滤镜效果，用户可以根据自己的喜好进行设置。

6. 添加 Button

在菜单栏中选择"窗口"|"组件"命令，打开"组件"面板，❶ 将 Button 按钮拖曳到舞台中，❷ 调整其至合适的位置。

7. 命名按钮

❶ 在舞台中选择按钮，在"属性"面板中命名实例名称为 an，在"组件参数"卷展栏中设置 Button 的属性，❷ 将 Label 命名为"下一页"。

8. 添加代码

新建"图层 3"，选择"图层 3"的第 1 帧，按 F9 键，打开"动作"面板，输入如右图所示的代码片段。

9. 存储文档并输出

导入路径并输入基本声明后，按 Ctrl+Enter 快捷键输出动画。如果代码不正确，可以在"编辑器错误"面板中查询到，这里就不详细介绍了，按 Ctrl+S 快捷键保存项目文件。

知识拓展

Button 按钮的组件大小和属性是可以调整的，下面讲述 Button 按钮的详细参数。选择 Button 实例，在"属性"面板的"组件参数"卷展栏中可以看到选择的 Button 的属性。

emphasized：强调按钮的显示，如果勾选右侧的复选框表示值为 true，按钮将加深显示，默认值为 false。

enabled：指示按钮组件是否可以接受检点和输入，默认值为 true。

label：设置按钮上显示的文本内容，默认值为 Label。

labelPlacement：确定按钮上的标签文本相对于图标的方向。该参数包括 left、right、top 和 bottom 4 个选项，默认为 right。

selected：如果 toggle 参数是 true，则该参数指定按钮是处于按下状态；若为 false，则为释放状态，默认值为 false。

toggle：将按钮转变为切换开关。如果只为 true，则按钮在单击后保持按下状态，并在此单击是返回到弹起状态；如果值为 false，则按钮行为与一般按钮相同，默认值为 false。

visible：是一个布尔值，指示对象是否可见，默认值为 true。

招式 225 使用 CleckBox 创建必填表

Q CleckBox 组件是什么，如何创建，您能教教我吗？

A 可以。CleckBox 组件用于在 Flash 影片中添加复选框，只需为其设置简单的参数，就可以在影片中应用。

1. 创建文档

启动 FlashCC 创建一个新的空白文档，在菜单栏中选择"文件"|"导入"|"导入到舞台"命令，导入本书配备的"素材\第 14 章\复选框背景 .png"素材文件，并设置图片在舞台的居中。

2. 设计界面

使用"文本工具"按钮，在舞台中输入文本，并设置文本的"滤镜"效果，结合使用"线条工具"按钮，制作出界面效果。

3. 添加 CleckBox 组件

❶ 在"组件"面板中选择 CleckBox 组件，❷ 将其拖曳到舞台中，添加 CleckBox 组件。

4. 命名组件

❶ 选择添加的 CleckBox 组件，在"属性"面板的"组件参数"卷展栏中设置 CleckBox 的属性，将 label 右侧的文本框命名为"简历"，❷ 并对文本框进行复制和修改。

5. 添加 CleckBox 组件

最后添加两个 CleckBox 组件，并命名组件 label 的名称即可。

6. 存储并输出影片

按 Ctrl+Enter 快捷键测试当前效果，可以对复选框进行勾选，对项目文件进行存储。如果需要可以为其设置代码，这里就不详细介绍了。

知识拓展

在"组件"面板中将 CleckBox 拖曳到舞台中，打开"属性"面板，在面板中可以看到组件的参数，具体参数介绍如下。

Enable：能够使用的。true 表示 CleckBox 能够使用，flase 代表不可用。

Label：该值对应的文字栏，为 CleckBox 输入将要显示的文字内容。

LabelPlacement：为 CleckBox 设置复选框的位置，包括 left、right、top 和 bottom 4 个选项，默认值为 right。

Selected：该 CleckBox 的初识状态。flase 表示未选取复选框，true 表示已经选取复选框。

重复的内容可以参考 Button 组件参数介绍。

招式 226 使用 ColorPicker 制作改变颜色的实例

Q ColorPicker 组件是什么，如何使用，您能教教我吗？

A 可以。ColorPicker 组件将显示包含一个或多个颜色样本的列表，用户可以从中选择颜色。默认情况下，该组件在方形按钮中显示单一颜色样本。当用户单击此按钮时打开一个面板，其中显示样本的完整列表。ColorPicker 组件具体使用方法如下。

1. 创建文档

启动 Flash CC 软件，创建一个新的空白文档，在菜单栏中选择"文件"|"导入"|"导入到舞台"命令，导入本书配备的"素材 \ 第 14 章 \ 简单背景 .png"素材文件，并设置图片在舞台的居中，使用"文本工具"按钮 T，在舞台中输入文本。

2. 绘制图像

❶ 新建"图层 2"在舞台中绘制图像，❷ 将填充转换为"影片剪辑"元件，命名元件为 gaise。将线框转换为"影片剪辑"元件，命名元件为 xiankuang。

3. 命名填充元件

❶ 在舞台中选择 gaise 实例，❷ 在"属性"面板中命名实例名称为 monster。

4. 添加 ColorPicker 组件

❶ 在"组件"面板中选择 Colorpicker 组件，❷ 将其拖曳到舞台中。

5. 命名组件

❶ 在舞台中选择 Colorpicker 组件，❷ 在"属性"面板中命名实例名称为 myColorPicker。

6. 编辑代码

❶ 新建"图层 3"并选择第 1 帧，❷ 按 F9 键，在打开的"动作"面板中输入代码，如下图所示。

7. 存储并输出影片

按 Ctrl+Enter 快捷键测试当前效果，可以通过色块更改小魔兽的颜色，将制作完成的项目文件进行存储即可。

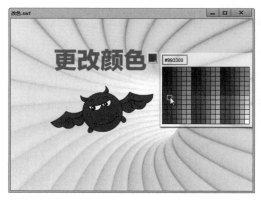

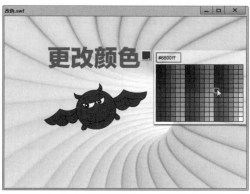

知识拓展

下面我们来详细介绍 ColorPicker 的组件参数。

selectedColor：单击右侧的颜色色块设置当前显示的颜色。

showTextField：设置颜色的值是否显示，勾选右侧的复选框，显示颜色值，若未勾选则不显示色值，默认为勾选。

招式 227 使用 ComboBox 制作登录界面

Q ComboBox 组件是什么，如何使用，您能教教我吗？

A 可以。ComboBox 组件是一个下拉菜单，通过"组件参数"设置它的菜单数目以及各项内容，在影片中进行选择时既可以使用鼠标也可以使用键盘。

1. 打开文档

打开本书配备的"素材 \ 第 14 章 \ 登录界面 .fla"项目文件。

2. 添加 ComboBox 组件

❶ 在"组件"面板中选择 ComboBox 组件，❷ 将其拖曳到舞台中，可以使用"任意变形工具"按钮 ，在舞台中调整 ComboBox 组件。

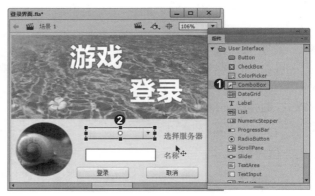

3. 设置菜单

在舞台中选择 ComboBox 组件，❶ 在"组件参数"卷展栏的"属性"中单击 dataprovider 后的 按钮，❷ 在弹出的"值"对话框中单击 ➕ 按钮，添加值并命名 label，如下图所示。

4. 保存并输出影片

设置"值"后，单击"确定"按钮，将制作完成的效果进行存储，按 Ctrl+Enter 快捷键输出查看下拉菜单。

知识拓展

下面来介绍 ComboBox 组件的详细参数。

dataProvider：将一个数据值与 ComboBox 组件中的每个项目相关联。通过单击 ✐ 按钮，设置下拉列表的值。

editable：决定用户是否可以在下拉列表框中输入文本。如果可以输入文本则勾选该复选框，如果只能选择不能输入文本则不勾选复选框，默认值为不勾选复选框。

prompt：为下拉菜单显示提示内容。

restrict：指示用户可在文本框的文本字段中输入字符集。

rowCount：确定在不使用滚动条时最多可以显示的项目数，默认值为 5。

招式 228　使用 DataGrid 组件制作三好学生数据

 Q DataGrid 组件是什么，应该如何使用，您能教教我吗？

A 可以。DataGrid 组件可以使用户创建强大的数据驱动显示和应用程序。使用 DataGrid 组件可以实例化 Flash 的记录集，然后将其显示在实例中，用户可以使用它显示数据集或数组中的数据。该组件有水平滚动、更新的事件支持、增强的排序等功能，具体使用方法如下。

1. 打开文档

打开本书配备的"素材\第14章\登录界面.fla"项目文件。

2. 添加 DataGrid 组件

❶ 在"组件"中拖曳 DataGrid 组件到舞台中，❷ 使用"任意变形工具"按钮 ▦ 调整其大小。

3. 设置组件参数

在舞台中选择组件，在"属性"面板中将组件命名为 aCb。

4. 输入代码

按 F9 键，打开"动作"面板，在"动作"面板中输入以下代码片段。

5. 存储并输出影片

按 Ctrl+Enter 快捷键测试并输出影片，将制作完成的效果进行存储。

知识拓展

下面介绍 DataGrid 组件的详细参数。

allowMultipleSelection：设置是否多选。

editable：是一个布尔值，它指定组件内数据是否可编辑。该参数包括 true 和 false 两个参数值，分别表示可编辑和不可编辑。默认为 false。

headerHeright：设置 DataGrid 的高度，以像素为单位，默认值为 25。

horizontalLineScrollSize：设置一个值，该值描述当单击滚动箭头时要在水平方向上滚动的内容量。

horizontalPageScrollSize：获取或设置拖动滚动条时水平滚动条上滚动滑块要移动的像素数。

horizontalScrollPolicy：设置水平滚动条是否始终打开。

resizableColumns：设置能否更改列的尺寸。

rowHeight：指定每行的高度。更改字体大小不会更改行高，默认值为 20。

showHeaders：设置 DataGrid 组件是否显示列问题。

sortableColumns：设置能否通过单击列标题单元格，对数据提供者中的项目进行排序。

verticalLineScrollSize：设置一个值，该值描述当单击垂直滚动条时要在垂直方向上滚动的内容量。

verticalPageScrollSize：用于设置拖动滚动条时垂直滚动条上滚动滑块要移动的像素数。

verticalScrollPolicy：设置垂直滚动条是否始终打开。

★★★★★ 招式 **229** 使用 Label 组件

Q Label 组件是什么，应用到什么地方，您能教教我吗？

A 可以。Label 组件就是一行文本，它的作用与文本的作用相似。

1. 添加 Label 组件

　　运行 Flash 软件，新建一个文档，在"组件"面板中拖曳 Label 组件到舞台中。

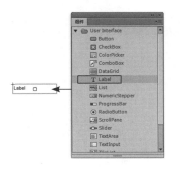

2. 输入标签

　　❶ 在"属性"面板的"组件参数"卷展栏的"属性"中输入 text 文本，❷ 即 Label 标签显示的文本内容。

知识拓展

　　下面介绍 Label 组件的详细参数。

　　autoSize：指示如何调整标签的大小并对齐标签以适合文本。默认值为 none。参数可以是以下四个值之一：none，指定不调整标签大小或对齐标签来适合文本。left，指定调整标签的右边和底边的大小以适合文本。不会调整左边和上边的大小。center，指定调整标签左边和右边的大小以适合文本。标签的水平中心锚定在它原始的水平中心位置。right，指定调整标签左边和底边的大小以适合文本。不会调整上边和右边的大小。

　　condenseWhite：是一个布尔值，指定是否删除具有 HTML 文本字段中的额外空格、换行符等。默认为 false。

　　htmlText：可以使用 html 语句设置标签文本的显示，例如 <B> 为加粗显示标签、<U> 为下划线标签。

　　selectable：指定标签文本是否是可以选择的，默认为 false。

　　text：在该文本框中输入文本，可显示为标签内容。

　　wordWrap：是否指定函数按照指定长度对字符串进行折行处理，默认为 false。

招式 230　使用 List 制作多选列表对话框

　　Q List 组件是什么，应该怎么使用，您能教教我吗？

　　A 可以。List 组件是一个可滚动的单选或多选列表框，该列表还可以显示图形内容及其他组件。用户可以通过"属性"面板中的"组件参数"对各项内容进行设置，List 组件的具体使用方法如下。

1. 打开文档

打开本书配备的"素材\第14章\多选列表框.fla"项目文件。

2. 添加 List 组件

❶ 在"组件"面板中拖曳 List 组件到舞台中，❷ 调整其合适的位置和大小。

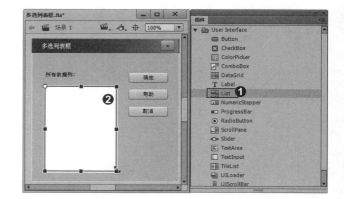

3. 添加列表值

❶ 在舞台中选择组件，在"属性"面板的"组件参数"卷展栏的"属性"后的 ✐ 按钮，❷ 弹出"值"对话框，单击 ➕ 按钮从中添加并命名值。

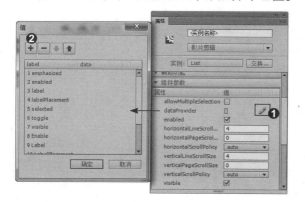

4. 设置后的列表值

设置"值"后，单击"确定"按钮返回到舞台，可以看到 List 的列表中出现了设置的值。

5. 保存文本输出影片

按 Ctrl+Enter 快捷键输出测试影片，将制作完成的项目文件进行存储。

知识拓展

下面详细介绍 List 的组件参数。

allowMultipleSelection：设置是否允许多选。

dataProvider：由填充列表数据的值组成的数组。通过单击 ✎ 按钮，弹出"值"对话框，从中可以添加并命名值。

enabled：指定组件是否可以接收焦点和输入，默认为 true。

horizontalLineScrollSize：设置一个值，该值描述当单击滚动箭头时要在水平方向上滚动的内容量。

horizontalPageScrollSize：获取或设置拖动滚动条时水平滚动条上滚动滑块要移动的像素数。

horizontalScrollPolicy：设置水平滚动条是否始终打开。

verticalLineScrollSize：设置一个值，该值描述当单击滚动箭头时要在垂直方向上滚动的内容量。

verticalPageScrollSize：用于设置拖动滚动条时垂直滚动条上滚动滑块要移动的像素数。

verticalScrollPolicy：设置垂直滚动条是否始终打开。

★★★★★ 招式 231　使用 NumericStepper 制作参数卷展栏

Q NumericStepper 组件可以做什么，您能教教我吗？

A 可以。NumericStepper 组件允许用户逐个通过一组排序数字，分别单击向上、向下箭头按钮，文本框中的数字产生递增或递减的效果，该组件只能处理数值数据。使用 NumericStepper 组件的操作如下。

1. 打开文档

打开本书配备的"素材 \ 第 14 章 \ 微调器 .fla"项目文件。

2. 添加 NumericStepper 组件

❶ 在"组件"面板中选择 NumericStepper 组件，将该组件拖曳到舞台中，❷ 调整组件的大小。

3. 设置参数

❶ 选择第一个 NumericStepper 组件，设置 maximum 的参数为 1000；❷ 设置第二个 maximum 的参数为 10；❸ 设置第三个 maximum 的参数为 10，并设置 stepSize 的递增值为 0.1，value 的值为 0。

4. 保存文本输出影片

按 Ctrl+Enter 快捷键输出测试影片，将制作完成的项目文件进行存储。

知识拓展

下面介绍 NumericStepper 的组件参数。

maximum：设置可在步进器中显示的最大值，默认值为 10。

Minimum：设置可在步进器中显示的最小值，默认值为 10。

stepSize：设置每次单击时步进器增大或减小的单位，默认值为 1。

value：设置在文本区域中显示的值，默认值为 1。

招式 232 使用 ProgressBar 制作加载动画

Q ProgressBar 组件是什么，用来做什么的，您能教教我吗？

A 可以。ProgressBar 组件是一个显示加载情况的进度条。使用 ProgressBar 组件的方法如下。

1. 新建文档

启动 Flash CC 软件，创建一个空白文档，导入本书配备的"素材\第14章\加载进度条.fla"项目文件，并设置图片在舞台的居中和调整舞台的大小。

2. 添加组件

❶ 新建"图层 2"，在"组件"面板中选择 ProgressBar 组件，❷ 将其拖曳到舞台中。

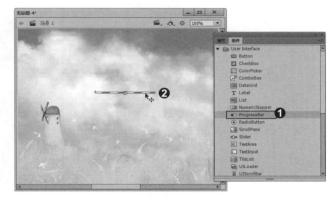

3. 命名组件

在舞台中选择 ProgressBar 组件，在"属性"面板中命名组件名称为 aPb。

4. 添加 Label 组件

在"组件"面板中选择 Label 组件，并将其拖曳到舞台中，❶ 在"组件参数"卷展栏的"属性"中设置 text 为"加载中"，❷ 命名组件名称为 progLabel。

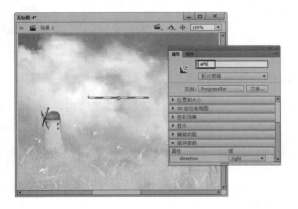

5. 添加代码

新建"图层 3"，选择图层的第 1 帧，按 F9 键，在打开的"动作"面板中输入以下代码。

```
import fl.controls.ProgressBarMode;
import flash.events.ProgressEvent;
import flash.media.Sound;
var aSound:Sound = new Sound();
var url:String = "1.mp3";
var request:URLRequest = new URLRequest(url);
aPb.mode = ProgressBarMode.POLLED;
aPb.source = aSound;
aSound.addEventListener(ProgressEvent.PROGRESS, loadListener);
aSound.load(request);
function loadListener(event:ProgressEvent) {
    var percentLoaded:int = event.target.bytesLoaded / event.target.bytesTotal * 100;
    progLabel.text = "Percent loaded: " + percentLoaded + "%";
    trace("Percent loaded: " + percentLoaded + "%");
}
```

6. 存储并输出影片

按 Ctrl+Enter 快捷键测试影片，并将制作完成的项目文件进行存储。

知识拓展

下面介绍 ProgressBar 组件的详细参数。

direction：指示进度条填充的方向。该值可以是 right 或 left，默认值为 right。

mode：是进度条运行的模式。此值可以是下列之一：event、polled 或 tools，默认值为 event。

source：是一个要转换为对象的字符串，它表示源的实例名称。

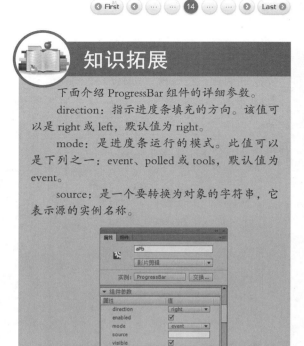

招式 233 使用 Radio Button 组件制作信息选择对话框

Q Radio Button 组件是什么，有什么作用，如何创建，您能教教我吗？

A 可以。Radio Button 组件是单选按钮，用户只能选择同一组选项中的一项。每组中必须有两个或两个以上 Radio Button 组件，当一个组件被选中，该组中的其他按钮将取消选择，创建的方法如下。

1. 打开文档

打开本书配备的"素材 \ 第 14 章 \ 信息选择对话框 .fla"项目文件。

2. 添加 Radio Button 组件

❶ 在"组件"面板中选择 Radio Button 组件，❷ 将该组件拖曳到舞台。

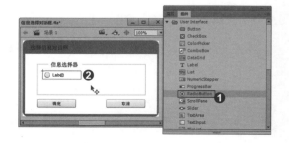

3. 修改名称

❶ 继续添加组件，并在舞台中选择 Radio Button 组件，❷ 在"组件参数"|"属性"中修改 Radio Button 组件的显示数据。

4. 保存并输出影片

设置好 Radio Button 组件后，按 Ctrl+Enter 快捷键预览输出影片，测试单选框，完成后将项目文件进行存储。

知识拓展

下面将详细介绍 Radio Button 组件的参数。

groupName：单选按钮的名称，默认值为 RadioButtonGroup，可以通过修改组名称来划选单选按钮的组。

label：设置单选按钮上的显示文本。

labelPlacement：确定按钮上标签文本的方向。该参数包括 left、right、top 和 bottom 4 个值。

selected：将单选按钮的初始值设置为被选中或取消选中，被选中的单选按钮中会显示一个圆点。

value：与单选按钮关联的用户定义值。

招式 234 使用 ScrollPane 组件制作可滚动的窗口预览

Q ScrollPane 组件是什么，您能教教我如何使用 ScrollPane 组件吗？

A 可以。ScrollPane 组件可以在一个可滚动区域显示影片剪辑、JPG 文件和 SWF 文件。通过使用滚动窗口，可以限制这些媒体类型占用的屏幕区域大小，滚动窗格可以显示从本地磁盘或 Internet 加载的内容，具体使用方法如下。

1. 新建文档

启动 Flash CC 软件，创建一个空白文档，❶ 在"组件"面板中选择 ScrollPane 组件，❷ 将 ScrollPane 添加到舞台中，调整合适的大小。

2. 保存文档

将新建的文档存储到本书配备的"效果 \ 第 14 章"文档中，命名文档为 ScrollPane.fla。因为要加载 1.MP3 音频文件，所以要将文档和音频文件存储到同一个文件夹中。

3. 输入代码

存储文档后，按 F9 键打开"动作"面板，输入以下代码，按 Ctrl+Enter 快捷键测试影片效果，可以看到带有滑块的预览器。

知识拓展

下面讲述 ScrollPane 组件的参数。

horizontalLineScrollSize：指示每次单击箭头按钮时水平滚动条移动多少个单位，默认值为 4。

horizontalPageScrollSize：获取或设置拖动滚动条时水平滚动条上滚动滑块要移动的像素数。

horizontalScrollPolicy：设置水平滚动条是否始终打开。该值可以是 on、off 或 auto。默认值为 auto。

scurce：是一个要转换为对象的字符串，它表示源的实例名称。

verticalLineScrollSize：设置一个值。该值描述当单击垂直滚动条时要在垂直方向上滚动的内容量。

verticalPageScrollSize：用于设置拖动滚动条时垂直滚动条上滚动滑块要移动的像素数。

verticalScrollPolicy：设置垂直滚动条是否始终打开。

招式 235　使用 Slider 组件制作评分器

Q 什么是 Slider 组件，Slider 组件如何使用，您能教教我吗？

A 可以。Slider 组件常用于控制 Flash 中的声音播放。Slider 组件是一个滑块，使用的具体方法如下。

1. 打开文档

打开本书配备的"素材 \ 第 14 章 \ 评分器 .fla"项目文件。

2. 添加 Label 组件

❶ 在"组件"面板中选择 Label 组件，将其拖曳到舞台中，❷ 在"组件参数"卷展栏的"属性"中输入 text 的值为"0 分"。

3. 添加 Slider 组件

❶ 在"组件"面板中选择 Slider 组件，将其添加到舞台中，❷ 在"组件参数" |"属性"中设置 maximum 值为 100，设置 snapInterval 值为 10、tickInterval 值为 10。

4. 输入代码

按 F9 键，打开"动作"面板，输入以下代码。

```
import fl.controls.Slider;
import fl.events.SliderEvent;
import fl.controls.Label;
aSlider.addEventListener(SliderEvent.CHANGE, changeHandler);
function changeHandler(event:SliderEvent):void {
    dafen.text = event.value + "分";
}
```

5. 存储并输出影片

按 Ctrl+Enter 快捷键测试并输出影片，并将制作完成的项目文件进行存储。

知识拓展

下面介绍 Slider 组件的参数。

direction：设置 Slider 组件的方向。

liveDragging：设置或获取当滑块移动时是否持续广播 SliderEvent.CHANGE 事件。默认值为 false。

maximum：设置或获取 Slider 组件实例允许的最大值，默认值为 10。

minimum：设置或获取 Slider 组件实例允许的最小值，默认值为 0。

snapInterval：设置或获取滑块移动时的步进值，默认值为 0。

tickInterval：设置滑条的标尺刻度的步进值，默认值为 0。

value：设置或获取 Slider 组件的当前值，默认值为 0。

招式 236 使用 TextArea 组件制作日期实例

Q TextArea 组件是什么，TextArea 组件能做什么，您能教教我吗？

A 可以。TextArea 组件可以创建一个进行文本输入的文本框。用户可以在这个文本框中输入文本内容，并可以在其中进行操作。具体的 TextArea 组件使用方法如下。

1. 打开文档

打开本书配备的"素材\第 14 章\日期.fla"项目文件。

2. 添加 TextArea 组件

❶ 在"组件"面板中选择 TextArea 组件，❷ 将其拖曳到舞台中，并调整组件的大小。

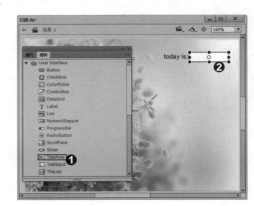

3. 设置组件属性

在舞台中选择 TextArea 组件，❶ 在"属性"面板中命名组件的名称为 aTa，❷ 设置"位置和大小"的"宽"为 100、"高"为 25。

4. 输入代码

按 F9 键，打开"动作"面板，输入以下代码。

5. 存储并输出影片

按 Ctrl+Enter 快捷键测试并输出影片，可以看到文本框中显示的当前日期，并将制作完成的项目文件进行存储。

知识拓展

下面介绍 TextArea 组件的详细参数。

editable：指定 TextArea 组件是否可编辑，默认值为 true，表示可编辑。

horizontalScrollPolicy：设置水平滚动条是否始终打开。该值可以是 on、off 或 auto，默认值为 auto。

htmlText：在 TextArea 组件中显示的初始内容。在文本框中输入文本内容，即会在组件中显示出来，默认值为空。文本字段采用 HTML 格式。

maxChars：设置文本字段最多可以容纳的字符数。

restrict：设置用户可在文本字段中输入的字符集。

text：组件的文本内容。

verticalScrollPolicy：设置是否显示垂直滚动条。

wordWrap：指文本是否自动换行。该参数包括 false 和 ture 两个参数值，默认值为 true。

招式 237 使用 TextInput 组件制作密码实例

Q TextInput 组件是什么，TextInput 组件能做什么，您能教教我吗？

A 可以。TextInput 组件可以输入单行文本内容或密码，具体的使用方法如下。

1. 打开文档

打开本书配备的"素材\第14章\密码提示.fla"项目文件。

2. 添加 TextInput 组件

❶ 在"组件"面板中选择 TextInput 组件，❷ 将其拖曳到舞台中。

3. 设置组件属性

❶ 在舞台中选择 TextInput 组件，❷ 在"属性"面板中命名组件的名称为 T1，❸ 设置"位置和大小"的"宽"为 130、"高"为 22。

4. 复制组件

❶ 创建或复制组件实例，❷ 在"属性"面板中命名第二个 TextInput 组件的名称为 T2，设置"位置和大小"的"宽"为 130、"高"为 22。

5. 设置密码字段

❶ 在舞台中选择其中一个 TextInput 组件，❷ 在"属性"面板的"组件参数"卷展栏中选中"属性"中的 displayAsPassword 复选框，将该字段内容显示为密码字段。

6. 输入代码

按 F9 键，在打开的"动作"面板中输入代码。

7. 存储并输出影片

按 Ctrl+Enter 快捷键测试并输出影片，❶ 在密码字段中输入 1~6 六位数字，按回车键，可以看到提示"密码不正确。请重新输入。"❷ 例如当我们输入大于 8 位的密码字段时，可以看到提示输出的密码。

知识拓展

下面介绍 TextInput 组件的详细参数。

displayAsPasswprd：指示字段是否为密码字段，默认值为 false。

editable：指定 TextArea 组件是否可编辑，默认值为 ture，表示可编辑。

maxChars：设置文本字段最多可以容纳的字符数。

restrict：设置用户可在文本字段中输入的字符集。

text：组件的文本内容。

Visible：是一个布尔值，指示对象是否可见，默认值为 ture。

招式 238 使用 TileList 组件

Q TileList 组件是什么，TileList 组件能做什么，您能教教我吗？

A 可以。TileList 组件由一个列表组成，该列表由数据提供者提供数据的若干行和列组成。项目是指在 TileList 单元格中存储的数据单元。项目源自数据提供者，通常有一个 label 属性和一个 source 属性。label 属性标识要在单元格中显示的内容，而 source 则为它提供值。具体的创建方法如下。

1. 新建文档并添加 TileList 组件

运行 Flash 软件，新建一个文档，❶ 在"组件"面板中选择 TileList 组件，❷ 将 TileList 组件拖曳到舞台中。

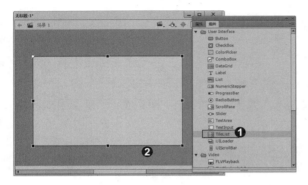

2. 设置 TileList 的值

在舞台中选择 TileList 组件，❶ 在"属性"面板中设置"组件参数"卷展栏中的"属性"中的columnWidth 值为 100、rowHeight 值为 100，单击 ✐ 按钮，❷ 在弹出的"值"对话框中单击 ➕ 按钮添加内容。

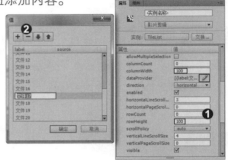

3. 添加的值

在"值"面板中添加值后，单击"确定"按钮，可以看到面板中的 TileList 组件效果。

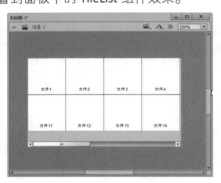

4. 存储并预览文档

将文档进行存储，按 Ctrl+Enter 快捷键测试影片。

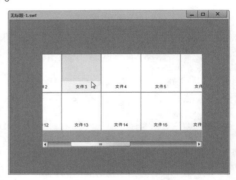

知识拓展

下面介绍 TileList 组件的详细参数。

allowMultipleSelection：设置是否允许多选。

columnCount：设置在列表中可见的列数。

columnWidth：设置应用于列表中列的宽度，以像素为单位。

dataProvider：设置要查看的项目列表的数据模型。

direction：设置 TileList 组件是水平滚动还是垂直滚动。

horizontalLineScrollSize：指示每次单击箭头按钮时水平滚动条移动多少个像素单位，默认值为 4。

horizontalPageScrollSize：获取或设置拖动滚动条时水平滚动条上滚动滑块要移动的像素数。

rowCount：设置在列表中可见的行数。

rowHeight：设置应用于列表中每一行的高度，以像素为单位。

scrollPolicy：设置滚动条是否显示。

verticalLineScrollSize：设置一个值，该值描述当单击垂直滚动条时要在垂直方向上滚动的内容量。

verticalPageScrollSize：用于设置拖动滚动条时垂直滚动条上滚动滑块要移动的像素数。

招式 239　使用 UILoader 组件制作加载外部图像实例

Q UILoader 组件是什么，UILoader 组件能做什么，您能教教我吗？

A 可以。UILoader 组件可以显示 SWF 或 JPEG 格式的文件，用户可以缩放组件中内容的大小，或者调整该组件大小来匹配内容的大小。在默认情况下，将调整内容的大小以适应组件，具体的 UILoader 组件应用如下。

1. 新建文档

运行 Flash 软件，新建一个文档，❶ 在"组件"面板中选择 UILoader 组件，❷ 并将 UILoader 组件拖曳到舞台中。

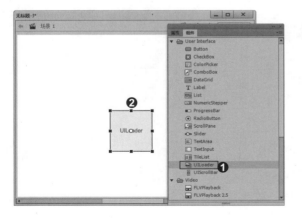

2. 设置 UILoader 的大小

❶ 在舞台中选择 UILoader 组件，在"属性"面板中设置"位置和大小"的"宽"为 550、"高"为 400，❷ 在"对齐"面板中设置垂直居中和水平居中对齐到舞台。

3. 设置加载内容

选择 UILoader 组件，在 "属性" 面板的 "组件参数" 卷展栏的 "属性" 中输入 source 为 1.jpg。

5. 存储并输出影片

按 Ctrl+Enter 快捷键测试并输出影片，完成的最终效果如右图所示。

4. 存储项目文件

保存文档，将其与要加载的图像保存在同一个文件夹中。

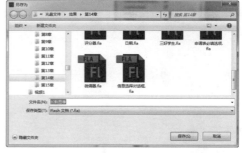

知识拓展

下面介绍 UILoader 组件的详细参数。

direction：设置 UILoader 组件是水平滚动还是垂直滚动。

scrollTargetName：设置文本字段实例的名称。

招式 **240** 使用 UIScrollBar 组件

Q UIScrollBar 组件能做什么，您能教教我吗？

A 可以。UIScrollBar 组件允许将滚动条添加至文本字段。该组件的功能与其他所有滚动条相似，它的两端各有一个箭头按钮，按钮之间有一个滚动轨道和滚动滑块，它可以附加到文本字段的任意一边，既可垂直使用也可水平使用。

1. 新建文档

运行 Flash 软件，新建一个文档，为了方便制作，我们将舞台的颜色设置为较深的颜色。

2. 创建文本

❶ 使用"文本工具"按钮 T 创建文本，❷ 在"属性"面板中设置合适的"系列"字体，并设置字体的"大小"和"颜色"，在"段落"组中选择"行为"为"多行"。

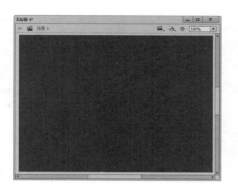

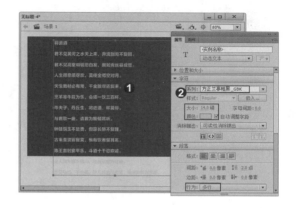

3. 选择可滚动命令

选择文本框，在菜单栏中选择"文本"|"可滚动"命令。

4. 调整文本框的大小

设置文本框的可滚动后，在舞台中调整文本框的大小符合舞台。

5. 添加 UIScrollBar 组件

在"组件"面板中选择 UIScrollBar 组件，并将其拖曳到文本框的右侧，可以看到释放鼠标左键后，滚动条将符合文本框的高度。

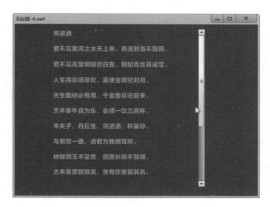

6. 存储并输出影片

按 Ctrl+Enter 快捷键测试影片，可以看到滚动条效果，将制作完成的文档进行存储。

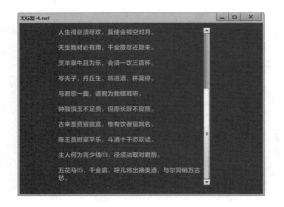

知识拓展

下面介绍 UIScrollBar 组件的详细参数。

direction：设置 UIScrollBar 组件是水平滚动还是垂直滚动。

scrollTargetName：设置文本字段实例的名称。

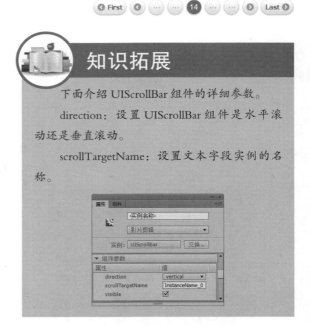

招式 241 Video 组件

Q Video 组件是不是视频播放组件，您能教教我如何使用吗？

A 可以。Video 组件可以创建各种样式的视频播放器，Video 组件中包含了多个独立的组件内容。下面我们介绍如何使用 FLVPlayback 组件添加视频，具体操作如下。

1. 新建文档并添加 FLVPlayback 组件

运行 Flash 软件，新建一个文档，❶ 在"组件"中选择 FLVPlayback 组件，❷ 将 FLVPlayback 组件拖曳到舞台中。

2. 添加视频

在舞台中选择 FLVPlayback 组件实例，❶ 在"属性"面板的"组件参数"卷展栏的"属性"中单击 Source 后的 ✎ 按钮，❷ 在弹出的"内容路径"对话框中选择需要加载的视频。

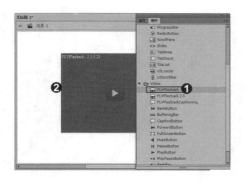

3. 设置组件属性

❶ 选择视频实例，❷ 在"属性"面板中设置"位置和大小"中的"宽"为 450、"高"为 350。

4. 测试影片

设置好 FLVPlayback 组件的参数和大小后，按 Ctrl+Enter 快捷键测试影片。

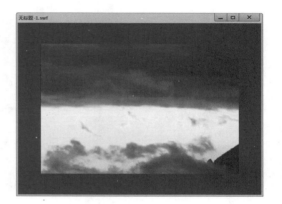

知识拓展

通过向舞台视频中添加各种 Video 组件可以控制视频的播放。Video 中各种组件介绍如下：

FLVPlayback：可以将视频播放器包含在 Adobe Flash CC Professional 应用程序中，以便播放时通过 HTTP 渐进式下载 Adobe Flash 视频文件，或者播放来自 Adobe Flash Media Server 或 Flash Video Streaming Service 的 FLV 流文件。

FLVPlayback2.5：FLVPlayback2.5 组件是 FLVPlayback 组件的更新，它是 Flash Media Server Software tools 页面上的一个下载项目，供 Flash Professional CC 使用。

FLVPlaybackCaptioning：可以使用 FLVPlaybackCaptioning 组件来显示字幕。

BackButton：可以在舞台中添加一个"后退"控制按钮。

BufferingBar：可以在舞台中添加一个缓冲栏对象。

CaptionButton：使用该组件设置标题按钮。

ForwardButton：可以在舞台中添加一个"前进"控制按钮。

FullScreenButton：设置全屏显示的按钮。

MuteButton：可以在舞台中创建一个声音控制按钮。

PauseButton：在舞台中创建一个"暂停"控制按钮。

PlayButton：可以在舞台中创建一个"播放"控制按钮。

PlayPauseButton：可以在舞台中创建一个"播放 \ 暂停"控制按钮。

SeekBar：可以在舞台中创建一个播放进度条。

StopButton：可以在舞台中创建一个"停止"播放控制按钮。

VolumeBar：可以在舞台中创建一个音量控制器。

15 优化和发布动画

第 15 章

在许多网页中，对于上传的视频尺寸和所消耗的内存大小都是有一定限制的，如果要使动画在网页中按照所需的效果进行播放，就必须学会优化制作完成的 Flash 作品。

Q 如何对动画进行优化，您能教教我吗？

A 可以。对于优化动画来说最重要的就是减少补间动画的存在，具体的操作如下。

1. 打开文档

❶ 打开本书配备的"效果\第9章\风景 ok.fla"项目文件，❷ 在"时间轴"面板中可以看到创建有补间动画。

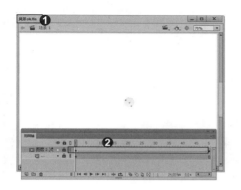

2. 转换为逐帧动画

❶ 在"时间轴"面板中选择创建的补间动画，单击鼠标右键，在弹出的快捷菜单中选择"转换为逐帧动画"命令，❷ 可以看到将补间动画转换成了逐帧动画。

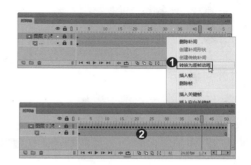

3. 删除库中的补间

❶ 在"库"面板中选择所有的补间，❷ 单击"库"面板底部的"删除"按钮🗑删除补间。

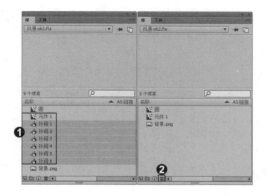

4. 存储动画

将转换关键帧的项目文件存储为"效果\第9章\风景 ok2.fla"，将该项目文件和原始的项目文件进行查看和对比，可以看到删除补间后的动画比有补间的动画内存稍小一些。

知识拓展

❶ 选择整段的补间动画时，可以在补间动画的任意位置双击，即可选择整段补间动画。❷ 如果要对补间动画进行转换时，只需选中补间动画的任意帧即可对其进行转换。

招式 243 优化形状

Q 在发布 Flash 作品之前，如何对形状进行优化，您能教教我吗？

A 可以。优化形状只需使用菜单栏中的"修改"|"形状"|"优化"命令即可，具体操作如下。

1. 打开文档

❶ 打开本书配备的"效果 \ 第 4 章 \ 刷子绘制 .fla"项目文件，❷ 为了方便制作，可以将"图层 2"中的图像选中，并按 Ctrl+X 快捷键剪切形状。

2. 分离图像

❶ 选择"图层 1"按 Ctrl+V 快捷键，粘贴图像到"图层 1"中，❷ 选择所有的形状，按 Ctrl+B 快捷键，分离图像为形状。

3. 设置优化参数

在菜单栏中选择"修改"|"形状"|"优化"命令，❶ 在弹出的"优化曲线"对话框中，设置"优化强度"为 100，单击"确定"按钮。❷ 在弹出的系统优化对话框中可以看到优化的信息，单击"确定"按钮。

4. 存储动画

将转换关键帧的项目文件存储为"效果\第4章\刷子绘制 2.fla",将该项目文件和原始的项目文件进行查看和对比,可以看到优化后的图像相对原始图像内存小一些。

知识拓展

优化形状除了使用"优化"命令之外还可以对形状或实例在细节上进行优化,以下列出了优化形状和实例的一些技巧。

❶ 优化图像之后尽量将图像进行组合。

❷ 在整个过程中都有变换的形状或实例分别放置在不同的图层上,以便加速 Flash 动画的处理过程。

❸ 限制特殊线条类型的数量,例如虚线、点状线等,尽量使用实线,因为它所占体积较小。另外,由"铅笔工具"按钮 生成的线条比使用"刷子工具"按钮 生成的线条体积小。

招式 244 优化字体

Q 在 Flash 中能不能对字体进行优化,您能教教我吗?

A 可以。除了优化形状和动画之外,适当地注意文本和字体,也可以起到优化动画的作用。

1. 打开文档

❶ 打开本书配备的"素材\第 15 章\文本 - 拆分 .fla"项目文件,该文档中文本为分离的形状,
❷ 打开本书配备的"素材\第 15 章\文本 .fla"项目文件,该文档中文本为没有分离没有打散的文本类型。

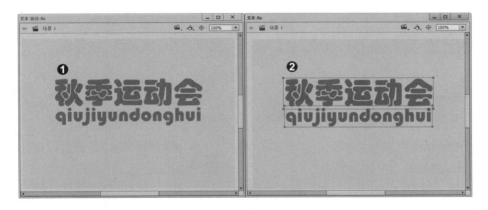

2. 对比文档

　　找到"文本 .fla"和"文本 - 拆分 .fla"两个文档，并对两个文档进行对比，可以发现文本分离为形状后的文档内存较大一些，所以无特殊需要，请不要打散文本为形状。

 **知识拓展**

另外对于文本和字体还有以下的优化技巧。

❶ 不要应用太多字体和样式。

❷ 尽可能使用 Flash 内定的字体。尽量少使用嵌入字体，嵌入字体会增加文本的大小。

招式 245 总体的优化

Q 在 Flash 中还有什么元素可以优化，您能教教我吗？

A 可以。下面介绍其他的几种可以优化的技巧。

1. 使用元件

　　在影片的制作中多次使用的对象，可以转换为元件。

2. 合理使用影片剪辑

　　对于动画序列，要使用影片剪辑而不是图形元件。

3. 少量使用位图

　　尽量少地使用位图制作动画，位图多用于制作背景和静态元素。

4. 使用较小的舞台

　　在限制的区域，使用最可能小的舞台区域编辑动画。

5. 压缩音频

　　尽可能地使用数据量小的音频格式，如 MP3 和 WAV 等。

6. 颜色

　　尽量少使用渐变色，使用渐变填充比使用纯色填充占用空间大，尽量少使用 Alpha 透明度，因为它会放慢动画的回放速度。

知识拓展

　　如果有需要导入图像，可以导入占用量较少的 JPG 和 GIF 图像格式，这两种格式是压缩图像格式，另外，在同一帧放置过多的元件，也会增加 Flash 处理文件的时间。

　　通过学习对动画的优化，可以熟练地应用到实际的工作中，养成优化场景动画的好习惯可以避免很多不必要的测试运算时间。

招式 246 调试代码影片

　　Q 制作完成动画影片后，如何正确地测试影片，您能教教我吗？

　　A 可以。在日常操作中，为了做出更好的作品，一种好的方法就是频繁地对影片进行测试，以确保自己想要的效果，下面将讲述如何正确地调试代码影片。

1. 测试影片

　　打开一个之前制作的动画，在菜单栏中选择"调试" | "调试影片" | "在 Flash Professional 中 (F)"命令。

2. 预览影片

　　弹出 Plash Player 播放器，可以预览影片，并进入到调试影片的模式窗口中。

知识拓展

　　调试影片时，将启动 ActionScript3.0 调试窗口，同时 Flash 将启动 Flash Player 并播放 SWF 文件。调试版 Flash 播放器从 Flash 创作应用程序窗口中播放 SWF。在 ActionScript3.0 调试器中，包括"调试控制台""变量""输出"面板，并可以打开"动作"面板的代码进行查看和调试，"调试控制台"面板显示调用堆栈并包含用于跟踪脚本的工具，"变量"面板显示了当前方位内的变量及其值，并允许用户自行更新这些值。

3. 结束调试会话

若想要退出调试当前的窗口模式，可以在"调试控制台"面板中单击"结束调试会话"按钮 ⊠，即可返回到正常的工作面板中。

专家提示

在日常的操作中，为了做出更好的作品，一种好的方法就是频繁地对影片进行测试，以确保自己想要的效果，若想快速地在观众面前展示自己的作品，可以使用"Ctrl+Enter"快捷键快速地测试影片。

招式 247 导出图像

Q 如何对制作完成且需要发布的 Flash 文档进行测试呢，您能教教我吗？

A 可以。为了能够更好地运用 Flash 软件，在编辑时需要对项目进行测试，以便更好地发现问题，解决问题，测试 Flash 文档的具体操作如下。

1. 打开文档

打开本书配备的"素材\第15章\草地上的小狗 .fla"项目文件。

2. 导出图像

在菜单栏中选择"文件"|"导出"|"导出图像"命令，在弹出的"导出图像"对话框中，命名导出图像的名称，并选择"保存类型"，因为是静态图像所以这里可以保存为 .png 图像格式。

3. 导出 PNG

单击"保存"按钮，弹出"导出 PNG"对话框，在该对话框中可以设置导出 PNG 图像的参数，单击"导出"按钮。

4. 查看图像

导出图像后，找到图像存储的路径，双击图像，可以查看导出的图像效果。

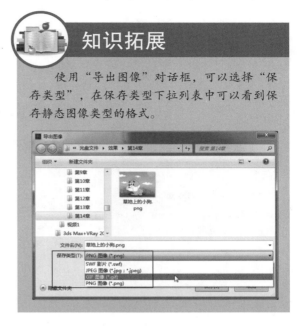

知识拓展

使用"导出图像"对话框，可以选择"保存类型"，在保存类型下拉列表中可以看到保存静态图像类型的格式。

招式 248 导出影片

Q 如何将 Flash 动画导出为序列图像，您能教教我吗？

A 可以。使用"导出影片"命令，可以导出动态图像和序列图像。

1. 打开文档

打开本书配备的"素材\第 15 章\行走的动画.fla"项目文件。

2. 导出影片

在菜单栏中选择"文件"|"导出"|"导出影片"命令，在弹出的"导出影片"对话框中设置"保存类型"为"PNG 序列"。

3. 导出 PNG

在"导出 PNG"对话框中设置合适的参数，单击"导出"命令。

4. 查看导出

导出序列图像后，找到存储的序列路径可以看到输出的 20 帧序列图像。

知识拓展

在"导出影片"对话框中能够导出动画类型的格式有 .GIF 和 .SWF 两种，选择 .GIF 格式后，在弹出的"导出 GIF"对话框中设置合适的动画参数，单击"确定"按钮即可导出影片，选择这两种其中的任意一种需要的动画格式即可输出动画。

招式 **249** 导出视频

Q 如何将 Flash 制作的动画影片放置到电视上播放，您能教教我吗？

A 可以。Flash 导出的 SWF 格式的动画影片不能直接在电视上播放，需要将其发布为视频文件，具体操作如下。

1. 打开文档

打开本书配备的"素材\第15章\水中小鱼.fla"项目文件。

2. 导出视频

在菜单栏中选择"文件"|"导出"|"导出视频"命令，❶在弹出的"导出视频"对话框中单击"浏览"按钮，在弹出的"浏览"对话框中选择存储路径，返回到"导出视频"对话框，❷单击"导出"按钮。

3. 导出的视频文件

导出视频后，可以根据路径找到导出的视频文件。

4. 播放视频

双击导出的视频，可以观看视频动画。

知识拓展

如果导出的的视频出现声音与画面不同步的情况，❶则在 Flash 中执行"文件"|"发布设置"菜单命令，弹出"发布设置"对话框，单击"音频流 Mp3，16kbps，单声道"选项，❷弹出"声音设置"对话框，在其中设置声音品质，这样就可以使声音与画面同步了。

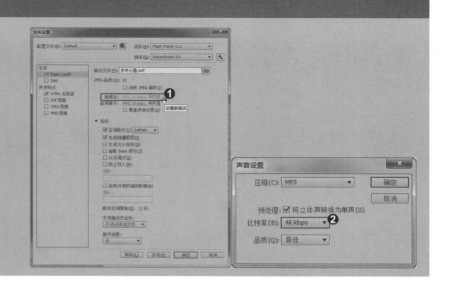

招式 **250** 发布作品

Q 如何设置影片的发布，您能教教我吗？

A 可以。Flash 的"发布设置"对话框可以对动画发布格式进行设置，还能将动画发布为其他的图形文件和视频文件，其具体操作如下。

1. 发布设置对话框

在菜单栏中选择"文件"|"发布设置"命令，弹出"发布设置"对话框。在该对话框中左侧为发布的文件类型和格式，在左侧选择格式后，在右侧就会出现相应的格式设置。

2. 发布作品

设置发布之后，单击"发布"按钮发布作品。发布作品后，在项目文件所在的位置可以找到发布的对应文档。

知识拓展

❶ 在菜单栏中选择"文件"|"发布"命令，❷ 同样可以快速直接地发布文件为 .html 格式文件。

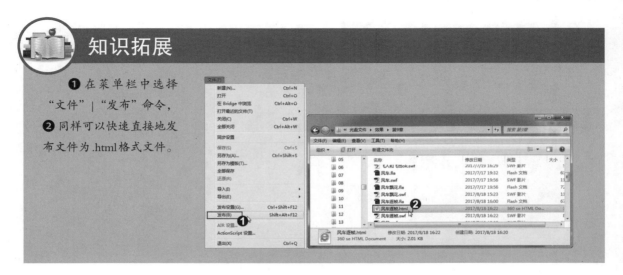